本书得到中国科学院东亚植物多样性与生物地理学重点实验室经费以及中国科学院第二次青藏高原综合科学考察项目(the Second Tibetan Plateau Scientific Expedition and Research (STEP) program（2019QZKK0502）资助出版。

墨脱植物考察追记

MOTUO ZHIWU KAOCHA ZHUIJI

周浙昆 著

云南出版集团
YNK 云南科技出版社
·昆明·

图书在版编目（CIP）数据

墨脱植物考察追记 / 周浙昆著. -- 昆明 : 云南科技出版社, 2020.9（2022.5重印）
ISBN 978-7-5587-3044-3

Ⅰ. ①墨… Ⅱ. ①周… Ⅲ. ①植物—科学考察—墨脱县 Ⅳ. ①Q948.527.54

中国版本图书馆CIP数据核字(2020)第166694号

墨脱植物考察追记
MOTUO ZHIWU KAOCHA ZHUIJI

周浙昆　著

责任编辑：李永丽　叶佳林
助理编辑：黄文元　杨志芳
排版制作：长策文化
封面设计：牛　洋
责任校对：张舒园
责任印制：蒋丽芬

书　　号：ISBN 978-7-5587-3044-3
印　　刷：昆明亮彩印务有限公司印刷
开　　本：787mm × 1092mm　1/16
印　　张：12.25
字　　数：170千字
版　　次：2020年9月第1版
印　　次：2022年5月第2次印刷
定　　价：58.00元

出版发行：云南出版集团　云南科技出版社
地　　址：昆明市环城西路609号
电　　话：0871-64192752

重印感言

当编辑告诉我，出版社准备重印《墨脱植物考察追记》（以下简称《追记》）的时候，几分愕然，几分惊喜，几分释怀浮上心头。

两年前，当我拿到油墨未干的《追记》，一种轻松的感觉油然而生。随之而来的是一丝隐忧袭上心头。28年前的陈年旧事是否有人感兴趣？如今每天打开手机，朋友圈、抖音、西瓜视频和B站，各种资讯五花八门，扑面而来，占据了人们大量的时间，是否还有人会去花时间去读这本纸质的小书？

我手中的书陆陆续续送给了师长、同行、朋友和学生们。他们先后通过微信、邮件和口头对这本小书作出评价和反应：

有位作家朋友对我说："《追记》是他今年读过的最有趣的书，书中全是干货，是一本有意思、有趣的书。这样的经历是终生难忘的。世界变了、墨脱变了，只有你的书里保留着原初的墨脱。"这位朋友甚至认为，"这本书以后的价值或许会超过我的科学研究"（这个评价让我喜忧参半）。还有位作家同学表示喜欢这本小书平实朴实的言语风格。

有位同学说："《追记》带我们跟随你返回1992年至1993年去西藏墨脱进行植物学考察，同时获得墨脱生物、地质、物理、气象等博物学和历史民族人文社科知识。书中情景交融，猎奇、惊险、艰辛和惊喜、感动、收获并存，语言生动流畅，情节引人入胜，是一本可读性强的好书。"

还有当了老师的学生问，是否能在教学中使用书中的照片，以教育和鼓励他的学生。有位大学老师把《追记》推荐为学生的课外读物。

有位学者认为，“这本小书满怀激情、态度真诚、文笔流畅，为读者贡献了一部科学文化、博物学文化佳作”“考察队的历练是科学家成长的典型案例，其科学探索拼博精神值得弘扬，为年轻科学工作者树立榜样。从书中也仿佛看我们这代人为科学为事业执着奋斗、默默奉献的身影。书中对墨脱那段历史地理、风土人情、逸文趣事的记述，胜似探险游记，尤其对从未去过西藏的人，弥补了些许遗憾”。

更多的朋友和同行是口头留言，过滤礼貌和鼓励之外，留言有两点一致的观点：首先，大家对我们当年献身科学、默默奋斗的精神给予了充分的肯定；其次，大家一致认为，这是一本可读的、有趣的书。有些朋友拿到书后一口气读完，有的朋友分几次读完了全书。书中的有些章节和段落给大家留下深刻印象，阅读中忍俊不禁。有位一贯严苛的同行，声称一口气读完了《追记》，并且给出了“吝啬”的好评。

然而，一本书是否真正被更广大读者接受，还要看市场，真正被广大读者喜爱的书，一定是在市场上有销量的书。尽管我断无洛阳纸贵的奢望，但也不希望这本小书被遗忘在书店的某个角落而无人问津。我暗自浏览过当当网、京东、孔夫子等网络平台，发现有不少店家在售卖这本小书，而且有些店家的书已经售罄。有位学生告诉我，深圳的实体店也有《追记》在出售，看来这本小书还是有一些读者和市场的。有些读者还在网络平台留下评论：一位叫“没有眉毛的猫”的读者在豆瓣上写下了这样的评论：“一口气读完，酣畅淋漓却又意犹未尽。周老师的文字，没有华丽辞藻，通篇朴实而流畅，风趣又幽默，极其艰苦的越冬考察，在他的笔下显得趣味无穷，时常让人捧腹。大自然确实有无穷的魅力，但更珍贵的，是科研工作者一颗赤子之心。”另一位叫“Alyssa”的读者写道：“去年年底，在我导师那里看到了周老师的签名本，一个下午就读完了，周老师写得实在是妙语横生、引人入胜。但实际上，那个年代的植物区系调查之困难，是现在无法想象的。孙、周、俞三位老师的精神，是我们这些后辈不懈努力的方向。”一位叫“米蘖”的读者写道：“花了半个下午一口气读完。近三十年前的野外工作艰辛可想而知，更何况是在调查薄弱区墨脱呢，但周浙昆老师写得十分风趣幽默，总是令人捧腹不止。”

作为一个作者，有什么比自己的作品受到读者们的喜爱更高兴的事情？读者、朋友和师长们的肯定和鼓励，让我再次意识到，在知识爆炸、信息化时代的今天，仍然有读者和网友对近三十年前的这段考察经历感兴趣，科学探索的精神仍然能够催人奋进。

北京大学哲学系刘华杰教授在评价这本书的时候说：“在目前，中国学者、科学家、博物学家还很少书写和出版游记、考察记、日记。它们信息量巨大，是科研过程的重要记录，是科学文化的组成成分，是科学史研究的重要材料，应当得到重视。科学家不宜光顾着用外文在国外发表论文，也应当用母语向自己的同胞分享一下研究的乐趣、目的、成就、困难、得失。”的确如此，今天科学家群体在媒体中出现得越来越少了，青少年追歌星、影星和明星多了，追科学家的少了。这其中除了价值取向的多元化以外，和科学家群体不喜欢讲自己的故事不无关系。

科学研究是一项艰苦的事业，内容广泛。有些研究需要上山下海、深入不毛；有些研究异常艰苦；有些研究琐碎繁杂，需要耐心和毅力；有些研究需要超常的智慧和非凡的能力；有些研究工作对研究人员的健康有极大的影响，甚至是有生命危险；有些研究需要长年的坚守，积累数十年方有所成；有些则需要和时间赛跑，抓住稍纵即逝的机会。无论哪一种，都需要付出比常人多得多的努力。科学研究又是一件丰富多彩、趣味无穷的事业，任何一项研究的背后都有跌宕起伏、惊心动魄的故事。遗憾的是，中国科学家群体长期养成了“少说话、多干事”的品格和用论文、成果来讲故事的习惯。而论文讲出来的故事或过于深奥，或过于简略，圈子之外很难理解。用通俗的语言，讲好科学家的故事，让广大民众去认识科学研究的成果背后的艰辛，了解科学家群体为人类探索未知世界的拼搏奋斗精神，对于科学知识的传播和科学家良好形象的树立，都是有益的、应该的和必须的。《追记》这本小书讲述了三位植物学家的故事，和公众分享他们在西藏墨脱的野外考察的经历以及考察过程中的酸甜苦辣和趣闻轶事。

有人说，电影是一门遗憾的艺术，回头再看都会发现这样或那样的遗憾。出书也一样，回头再看，《追记》一书中也有很多地方可以改进，比如有一张植物的照片标注有误，有些情节和文字有重复，校稿的笔误也没有完全改掉。感谢出版社提供了这次重印的机会，让我打磨了这些瑕疵。

最后，谨以此书向我一生挚爱的科学事业致敬，向中国科学家拼搏奋斗的精神致敬。

序一

1992年到1993年间，九三学社成员周浙昆同志接受全国植物区系学界的委托，深入到当时尚不通公路的西藏墨脱县，进行了为期9个月植物学越冬考察。28年后，周浙昆同志将他考察的经历写成了这本题为《墨脱植物考察追记》的小册子。

植物区系考察担负着摸清国家植物学资源家底的任务，从性质来说属于博物学的范畴。博物学在人类认识自然的过程中，发挥着极其重要的作用，许多学科如生物、地质、物理、气象和天文都和博物学有极其深刻的渊源，而动物学、植物学和生态学更是直接发端于博物学。博物学在18与19世纪有过极其辉煌的历史，产生了达尔文《物种起源》这样的伟大著作。进化论的思想不仅大大促进了生物学以及相关科学的发展，而且对人类的思想史产生了巨大的影响，推进了人类社会现代世界观的建立和流行。然而，到19世纪后半叶以后，以还原论为主要研究路径的实验科学，越来越占据主流地位，把以观察、归纳、宏观为主的研究推到了边缘，这在生命科学尤为明显，这就必然同时把生态研究推向了边缘。我认为，博物学在今天生态文明建设中的作用仍然不可替代。墨脱植物考察是作者的一次博物学的实践和体验，作者在雅鲁藏布江大峡湾的雪山林海中所获得的对生态规律的了解，以及敬畏和尊重大自然的生态观，这是无法通过任何实验和逻辑推理所获得的。

青藏高原是世界上平均海拔最高、亚洲面积最大的高原，这里不仅有世界上最高的山峰——珠穆朗玛峰，还有世界上最深、最长的峡谷——雅鲁藏布江大峡湾，墨脱就位于这个大峡湾中。高原的神奇和伟岸震撼了作者的心灵，考察中看到那里的人们敬畏自然，尊重自然，人与自然和谐相处，深受教育，从而进一步摈弃了以人类为中心的生态观。

从地质学上看，青藏高原还是世界上最年轻的高原。6 000万年以来，青藏高原的地形地貌发生了巨大的变化，这种变化深刻地影响东亚乃至全球的生态环境和生物多样性。青藏高原是一个研究地球环境演变和生物演化的天然实验室，它像一个巨大的磁铁，吸引着每一位试图接近它的研究者。墨脱考察改变了作者的研究轨迹，墨脱考察之后，作者的许多研究都和青藏高原有关，并且一直行进在研究青藏高原的路上。

西藏墨脱县曾经是全国唯一不通公路的县。这里山高坡陡，一年之中有大半年与外界隔离，许多地方完全无路可走。作者为了完成考察任务，跋山涉水，风餐露宿，甚至冒着生命的危险，徒步走遍了墨脱的全部8个乡镇，顺利完成了考察任务。是对科学的热爱和科学探索精神以及摈弃浮躁、甘于坐冷板凳的品格，支撑着作者完成了考察任务，这一点尤其值得今天的青年学者去学习和汲取。

生动有趣是科普著作吸引读者的关键。周浙昆同志的这本小册子通过一个个有趣的故事讲述他们考察的亲身经历。 文章生动幽默、情景交融，让人仿佛置身于其中。相信作者的这部新著，可以成为科普著作的一个范本。

是为序。

序二

今天收到了老朋友浙昆兄发来他的《墨脱植物考察追记》的出版校样，并要求我为即将发表的书稿写序。我放下了手头的工作，又一次被文稿深深地吸引。时间过得真快，1992年9月至1993年5月墨脱雅鲁藏布河谷的越冬考察转眼过去了快28年，真是弹指一挥间，眨眼间我也从风华正茂的热血青年逐步进入了花甲之年。浙昆兄沉博艳丽、笔底烟花的书稿，脍炙人口的语言，朴实无华的记述，我仿佛又回到雅鲁藏布江丛林中。

的确，28年前墨脱的越冬考察，已经铭刻在我们的记忆中。那个时候的墨脱路途遥远，不通公路，山高路险，大雪封山，与外界的交流很少，犹如一个“孤岛”。进入墨脱开展野外考察采集，不仅环境条件恶劣，而且后勤保障也非常困难。我和大师兄周浙昆博士（我俩同为吴征镒院士门下，当时我还在读）以及昆明植物研究所植物标本馆的俞宏渊工程师一同从米林派区的多雄拉山进入墨脱，开始了墨脱的越冬采集和考察。在考察前后近九个月的日日夜夜，我们一同艰苦跋涉，草行露宿，克服蚊虫和难以想象的蚂蟥叮咬，忍受思乡的孤独；但也分享着探索大峡谷密林奥秘、采集植物发现植物的喜悦。我们的足迹遍及了墨脱的各个乡镇（背崩、德兴、墨脱、达木、帮辛、加热萨、甘登和格当）及大部分的村寨，行程2 5000余千米，考察范围从米什米山区的北缘到南迦巴瓦及岗日嘎布密林，从我国边境的实际控制线到大峡谷深处，采集了7 100号约35 000份植物标本和700余号细胞学或活体材料，并对各类植被类型的群落特点、演替规律以及组成成分详细地观察和记录，收获盛丰。

在考察期间，当地原生态民族门巴族、珞巴族和藏族的淳朴和好客，丰富的民族植物学知识，卓越的野外生存技能，留给我们难以忘怀的印象。还有在墨脱打工的四川农民工组成包工队不畏艰险、勇闯生命禁区的精神，深深地留在我们的记忆中。墨脱的越冬考察也使我们同当地的百姓和干部结下了深厚的友谊，每次考察当我们离开村寨时，当地的百姓端着黄酒，夹道相送，那情景至今还时常在我眼前闪现。当我们结束考察准备离开墨脱县时，当时的县长桑杰扎巴、县人大赵主任等专程来送行，目送着我们离去，依依不舍的别情，至今还记忆犹新。1993年5月14日，我们顺利地翻越风雪交加的嘎隆拉到达了波密，于6月初回到昆明。

墨脱的考察，我们采集了大量的第一手资料，弄清楚了植物群落和植物多样性特征、植物区系的构成，发表了研究论文10余篇，1999年获得了中国科学院自然科学二等奖，出版了专著《雅鲁藏布江大峡湾河谷地区种子植物》，所采集标本至今仍在被广泛地引用，在植物区系和植物系统演化的研究中发挥着重要的作用。

墨脱的越冬考察是我一生中最值得骄傲的经历，也是我人生中宝贵的财富，它不仅丰富了我的植物学知识，拓宽了我研究的视野，积累了野外科考的经验，也磨炼了我的意志，教会了我如何面对困难，悟出了人生的许多道理，使我的人生变得富有，为我后期的植物学研究奠定了扎实的基础。

墨脱考察也深深地影响了我们三个人的人生和事业，我本人荣获中国科学院第六届“竺可桢”野外科学考察奖、中国科学院青年科学家一等奖等荣誉称号，以及国家自然科学基金委杰出青年基金等项目资助。从此，我的学术生涯和研究领域就集中在了喜马拉雅—青藏高原植物多样性的形成和演化方向。

浙昆兄获得中国科学院野外工作先进个人称号，并于1995年再次赴美国康奈尔大学做访问学者，回国后便开展了历史生物地理学及古植物学的研究，还担任了第十届全国人大代表、第十一届和第十二届云南省人大常委会委员，2010年到2015年还担任了中国科学院西双版纳热带植物园副主任，现已是弟子满堂，硕果累累，成为国内外著名的古植物和历史生物地理学家。他现在还是*Plant Diversity*期刊的主编，该刊现已成为SCI收录的期刊。

俞宏渊一直从事植物资源引种驯化和保护多样性保育工作，为植物资源的活体保育做出了积极的贡献，现为昆明植物园高级工程师。

墨脱的越冬考察完后，我也曾想将日记整理一下，形成一个完整记录，但因繁忙的事务，碎片化的时间，最终未能成文，半途而废。幸好浙昆兄博文的出版，再现了这段终生难忘的岁月，使我们的考察经历能让世人了解，并为读者分享。在这里，我也非常感谢浙昆兄，并以下面诗句作为该书序言的结束。

墨脱秘境好风光，温足雨沛似江南；
峰高谷深雪封山，村僻路遥进出难；
行路如走梅花桩，浑身酸软疲不堪；
攀崖过溜江水狂，坍方滑坡庆平安；
溪水辣椒下干粮，风餐露宿悬崖旁；
丛林茂密瀑布响，高草丛里路迷茫；
草蜱蚊虫多蚂蟥，汗血交织湿衣裳；
古树老藤窜林窗，奇花异草暗飘香；
考察记录多贪婪，不畏艰险采集忙；
整理标本不惧烦，烛光鉴定习已常；
门巴美酒消渴烦，珞藏奶茶充饥馋；
南穿希让小村庄，北抵秘境甘登乡；
隆冬时节进德阳，早春二月上格当；
汗密深秋月光寒，嘎隆初夏冰雪暖；
羊肠小道入云端，蜿蜒雅江尽远方；
踏遍青山志更强，五千余里佳话传；
揭秘峡谷眼界宽，硕果累累绩斐然。

目录

1

缘起

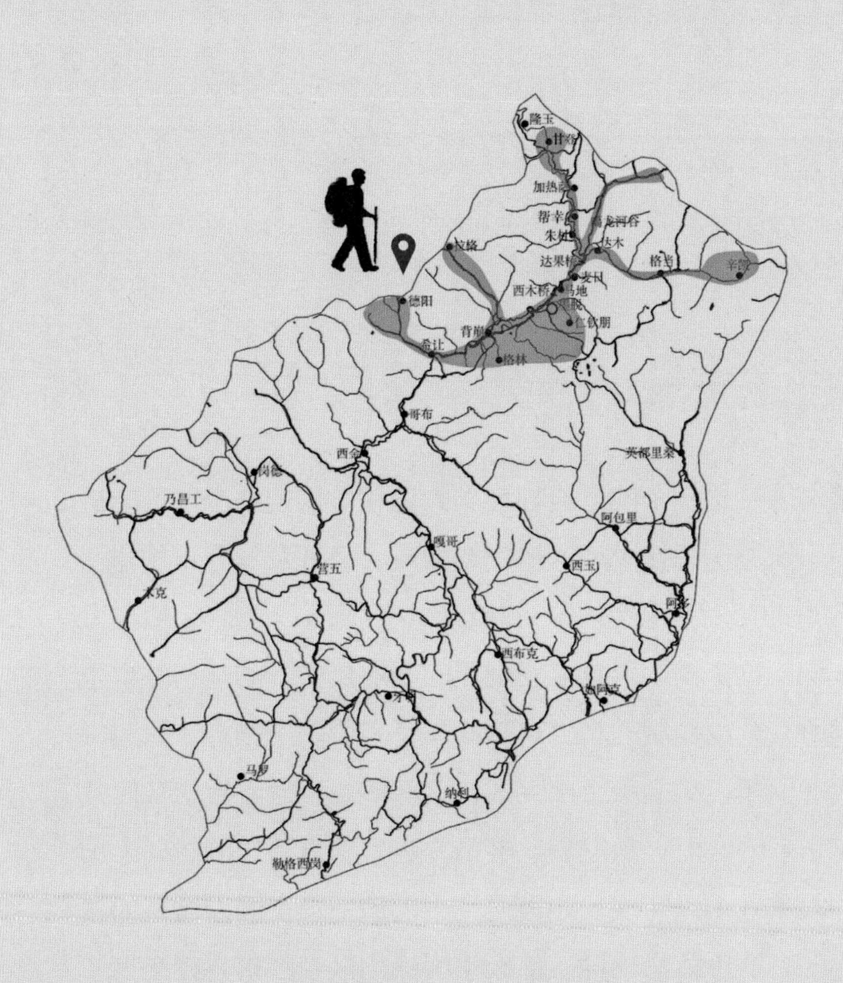

隆玉
帮辛
达果桥
达木
格当
西木桥
马地
仁钦朋
德阳
背崩
格林
哥布
西金
英都里桑
乃昌工
阿包里
嘎哥
宫五
西玉
西布克
马罗
纳利
勒格西岗

武老师那个时候是大项目的秘书，操心着项目大事小情，分身乏术，很难带队进行长达九个多月的越冬考察。项目领导认为与其遥控指挥，不如让年轻人放手一搏。就这样，任务几经辗转，交到了孙航的手上，于是就有了这次考察。

植物区系是一个地区植物种类的总和。认识一个地区的植物区系，能够了解这个地区植物的组成、特征及其分布规律。植物区系的研究和植物志的编撰构成了摸清一个地区植物家底、认识植物多样性及其演变规律的两块最重要的基石，也是植物学所有分支领域的基础。1958年，《中国植物志》的编撰启动，2004年，中文版全部完成。这部鸿篇巨制凝聚了我国几代植物学家的心血，从酝酿、准备算起，将近百年的时间，历尽种种艰难才得以完成。如果说《中国植物志》的编撰是为了回答中国有多少植物物种，那么中国植物区系的研究则是为了回答这些物种为什么会分布在这里。相比《中国植物志》的编

吴中伦院士在昆明主持中国种子植物区系研究项目论证会（右1蒋有绪，右2吴征镒，右3吴中伦，右4马毓泉）

1976年，西藏考察吴征镒（右）与武素功(左）在中尼边境樟木口岸合影

大峡湾中的村庄

研，中国植物区系的研究则更加滞后，1990年之前，只有一些零星的研究。吴征镒院士1965年所著的《中国植物区系的热带亲缘》以及1983年出版的《中国自然地理——植物地理》等著作是中国植物区系地理研究中具有代表性的著作。

1990年，国家自然科学基金委启动了“中国种子植物区系研究”的重大课题，项目总经费为376万元，是当时国家自然科学基金委资助经费最大的研究项目。项目由吴征镒院士领衔，汇集了中国科学院昆明植物研究所、中国科学院植物研究所、中山大学等25个单位的200余位植物学科研人员参加。项目设“中国特有科、属的区系地理研究”“一些关键地区和研究薄弱地区的区系调查研究”“古生代晚期，特别是新生代植物区系的发展和演化”和“中国植物区系中重要科属的起源、分化和分布研究”四个子项目。第二个子项目是吴征镒院士针对全国植物学调查的状况提出的。中华人民共和国成立后，国家组织了多次大规模的植物学考察，如第一次青藏高原、横断山脉、南水北调等大规模的综合考察，但是仍然有许多的关键和薄弱地区不在此列，而这些地方都是一些偏远，不通公路或者是人迹罕至的地区，比如西藏墨脱、普兰和云南的独龙江等地。吴征镒院士希望通过“中国种子植物区系研究”这个大项目，开展这些地区的植物调查工作，弥补之前植物学调查的空白和不足，拼上中国植物多样性格局的最后一块拼图。他亲自领导了这个子项目的研究，调集精兵强将开展工作。项目启动后，工作迅速开展。李恒老师带队去了当时不通公路的独龙江进行考察，李德铢和孙航等人开展了跨越青藏高原的补点采集，各路关键薄弱地区的考察也渐次开展，喜报频传，成果不断，唯有西藏墨脱的越冬考察迟迟未动。

墨脱县位于西藏东南部，喜马拉雅山脉的东段末端，与印度接壤。此处位于雅鲁藏布江大峡湾腹地，地质活动强烈，又是印度洋的暖湿气团从大峡湾进入青藏高原的东大门，降雨充沛，山地陡峭，塌方、泥石流和地震频频发生，冬季喜马拉雅山被大雪覆盖，墨脱通向外界的山路完全被大雪覆盖的时间每年达6～8个月之久。墨脱又有陆地孤岛之称，在2013年10月31日以前，墨脱是我国唯一一个不通公路的县。进入墨脱的山路突兀崎岖，险象环生。而墨脱地理位置特殊，热带植被沿着河谷分布并在这里达到其最北端。20世纪80年代，国家组织了青藏高原科学考察，虽有几支考察队进入过墨脱，但总体上这里的植物调查和采集还非常薄弱，全国各大标本馆内墨脱的标本普遍缺乏，特别是冬春季花果的标本，这就使得植物学家无法认识墨脱植物区系的特征与性质。墨脱成为中国植物区系研究关键中的关键，薄弱中的薄弱。

由于墨脱的越冬考察条件艰苦，持续时间长，任务艰巨，谁来领衔考察，让项目组的领导颇费思量。最初的安排是让武素功老师领衔。武老师是一名身经百战的考察队员，青藏高原、横断山脉、喀喇昆仑和可可西里等大型考察中，他或为主力，或为队长，在祖国的山山水水间留下了身影。然而，武老师那个时候是大项目的秘书，操心着项目的大事小情，分身乏术，很难带队进行长达九个多月的越冬考察。项目领导认为与其遥控指挥，不如让年轻人放手一搏。就这样，任务几经辗转，交到了孙航的手上，于是就有了这次考察。

2

组队和准备

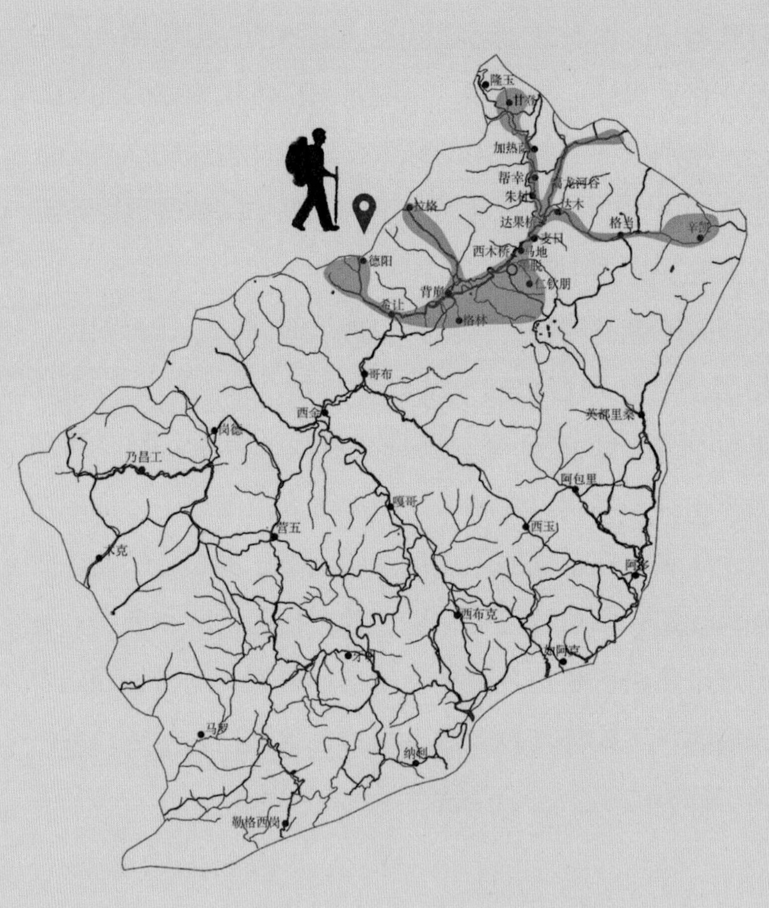

准备考察的物资在我们的办公室一天天地增加，出发的日期一天天地临近，墨脱的越冬考察即将拉开大幕。

孙航是在1992年的春天接受墨脱越冬考察任务的，那个时候他才29岁，正在吴征镒先生的指导下在职攻读博士学位。孙航还在大学的时候就彰显了在植物分类学方面的天赋，我们是云南大学的校友，我是78级，他是79级的。以前我们之间并不认识，听说79级有一个植物分类学的高手，我才注意到他。植物分类学这门课程，要求认识大量的植物，对毫无生物学基础的同学们来说，这是一件很难的事情，大多数同学都是今天记住明天就忘记。那个时候，大家对植物分类学成绩突出的同学很是钦佩。我们的第一次见面是在学校组织的“五钠厂”环境影响评价的调查中。一天工作完成，我看见一位同学拿着

雅鲁藏布江大峡谷

沿雅鲁藏布江河谷而上的暖湿气团

一株植物走过来。我问他这是什么？他回答这是菊科的野茼蒿［*Crassocephalum crepidioides*（Benth.）S. Moore］，幼叶能食用，困难时候用于充饥，因此又叫革命菜。随后，我请教了姓名，果然是孙航。

想不到从那次见面的几年以后，我们坐到了同一间办公室。1990年初，我博士毕业后搬进了孙航所在的同一间办公室，陆陆续续从他的口中知道了他们去西藏补点采集的故事。这次他又接受了墨脱越冬考察的任务，我佩服他的勇气与担当，之前这个任务并不是交给他的。

墨脱是我国唯一一个不通公路的县，大雪封山达6～8个月之久，就是雪化山开以后，进入墨脱仍是难于上青天，早年英国探险家F. K. Ward几次尝试而终究未能如愿。20世纪80年代国家组织的青藏高原科学考察中曾有几支考察队进入过墨脱，但是都是在夏季，这几支进入墨脱的考察队都是趁着喜马拉雅山冰雪消融的时候进入墨脱，又赶在大雪封山前离开墨脱。随着人类社会的发展，像这种探险级别的野外考察越来越少了，能够参与这样的科研活动，是人生中一个难得的、可遇不可求的机遇。听说孙航担当墨脱的越冬考察重任，我既佩服，又有几分羡慕。

有一天，孙航问我是否愿意参加墨脱的越冬考察，听到这个邀请我有几分吃惊，有点不相信他会邀请我参加如此重要的工作。大学毕业后，我考上中国科学院南京地质古生物研究所的研究生，开始做古植物学的研究，到了昆明植物所后，虽然在吴征镒先生的指导下攻读博士学位，但是主要工作是古植物学和现代植物结合，多以化石为主，工作性质和植物分类学也有一定的差异。面对孙航的邀请，我没有马上答应。首先，我不知道自己的植物分类学水平是否能胜任这次考察任务。其次，在“中国种子植物区系研究”这个大项目中，我参加了第三子课题“古生代晚期，特别是新生代植物区系的发展和演化”的研究，也有很重的研究任务在手。其三，就是我的身体有若干的小毛病，那时我的胃里像是装了一个闹钟，饭后一个小时总有疼痛准时启动，而且左腿的肌腱也经常隐隐作痛。其四，那个时候我的孩子还小，需要父亲的陪伴与照顾，父母年迈也需要我的照顾。

考虑再三，我暗自下决心要参加这次考察，但是正式答应之前，我还有几件事情要确定。首先，我请孙航确认，他的邀请是认真的，我就是他要找的人。其次，我去医院开了一堆的胃药和膏药，我相信自己能够克服身体的不适。其三，回到家中，我和太太讲了我的想法，表达了我非常希望参加墨脱的越冬考察愿望，希望得到她的理解和支持。很幸运，我得到了太太一如既往的支持。做完三件事情以后，我正式答复了孙航的邀请，成为墨脱越冬考察中的一员。考察队的另一位成员是在标本馆工作的俞宏渊，平时大家叫他剑云，到昆明植物所工作的时间比我还早，参加过横断山脉的综合考察，有一定的植物分类学功底和野外考察的经验，且身体壮硕，是越冬考察的理想人选。考察队就由孙航、俞宏渊和我三人组成，孙航的组队原则就是少而精。我们知道当时墨脱不通公路，所有物资都要靠人背马驮，多一个人就要多带一份给养。后来进到墨脱才认识到，这真是一个正确的决定。

考察队组成后，我们就开始了紧锣密鼓的准备工作，兵马未动，粮草先行。我们将考察的时间确定为1992年的9月份，预计在墨脱工作9个月，次年5、6月份返回。这样的安排是考虑在全国的标本馆里，最缺乏的是墨脱冬春季的标本。另一个原因是墨脱冬季大雪封山，要到5、6月雪化以后才能出来。墨脱是一个封闭的孤岛，所有的物资都靠人背马驮从外面运进去，冬季又有大雪封山，物资匮乏。在这个地区开展为期9个月的野外工作，前期准备尤为重要，一旦工作必需品有遗漏，进入墨脱后将无法补给，可能会影响整个考察任务的完成。

当时，孙航还在攻读博士学位，“墨脱植物区系的研究”是吴先生给他确定的论文题目。在考察之前，他还需要去中国科学技术大学完成博士英语和政治课的学习。在去“科大”学习之前，孙航列了一个清单，上面密密麻麻列出了需要准备的物品，我和俞宏渊在昆明开始准备考察用品。这次考察的任务是墨脱植物区系的调查，这项工作需要采集大量的植物标本，如何在墨脱压制标本，如何把标本烤干，烤干后的标本如何防潮，菜米油盐是否需要带，带多少，甚至连上厕所的卫生纸是否需要带等这些问题都要考虑进去。除了准备好所有的工作生活必需品以外，还要考虑如何将这些物品运进墨脱。墨脱不通公路，运进墨脱的物资都是靠人马运输。我们在准备工作的时候，还要充分考虑适合墨脱的运输方式。

采集的新鲜植物标本需要干燥后，才能永久保存。目前有两种最基本的干燥方式，一种是将植物标本夹在吸水纸（通常是草纸）中，每天换吸水纸。这种方法压制的标本质量好，有些标本甚至能保持植物自身的颜色。但是这种方式费工耗时，不仅需要带大量的吸水纸，而且在湿度较高的地区干燥吸水纸也是一个问题，这种方法显然不适合我们在墨脱的采集工作。另一种方法就是把标本夹在瓦楞纸中，架在一个封闭的铁架上用火烤。这种方法的优点是制作标本的速度非常快，当然缺点是这种方法制作的标本质量不如用吸水纸制作的标本，而且瓦楞纸的使用次数有限，经过多次挤压和烘烤，瓦楞纸中间的楞被压平后，烘烤的效果就会大打折扣。在平时，换一批新的瓦楞纸即可。考虑到我们不可能带足够多的瓦楞纸进墨脱，孙航和剑云想出了用铝板做成瓦楞纸模型代替瓦楞纸的办法。铝板做的“瓦楞纸”中间的楞压不平，可以反复使用。我们还在昆明做了实验，将铝板和瓦楞纸混合起来使用，能制作出质量很好的标本。瓦楞纸的问题解决以后，又一个问题浮现出来。烤制标本的铁架子是一个一米多高，两头空的“柜子”，空的一头放在地上，另一头架起来放标本，放上电炉或其他热源就可以烤标本了。这个架子不算重，但是体积不小，如何运进墨脱又费了一番思量。还是孙航和剑云两位想到用铰链将固定的铁架变成了可折叠的架子，解决了铁架运进墨脱的问题。我们还针对马匹驮运物品的特点，定制了18只适合马匹驮运的铁皮箱子。我们也准备了大概半个月的咸菜、米、油、盐。当然，我们不可能带足9个月的菜米油盐，我们的想法是进入墨脱以后，还得依靠当地政府帮助解决问题。我们还准备了鉴定标本需要的工具书以及几箱子的废报纸，这些报纸是我们压标本的必需品。后来，进入墨脱以后，这些废报纸还起到了排遣寂寞的作用，在墨脱我阅读了这些报纸上的大部分内容。

准备考察的物资在我们的办公室一天天地增加，出发的日期一天天地临近，墨脱的越冬考察即将拉开大幕。

3

初上高原

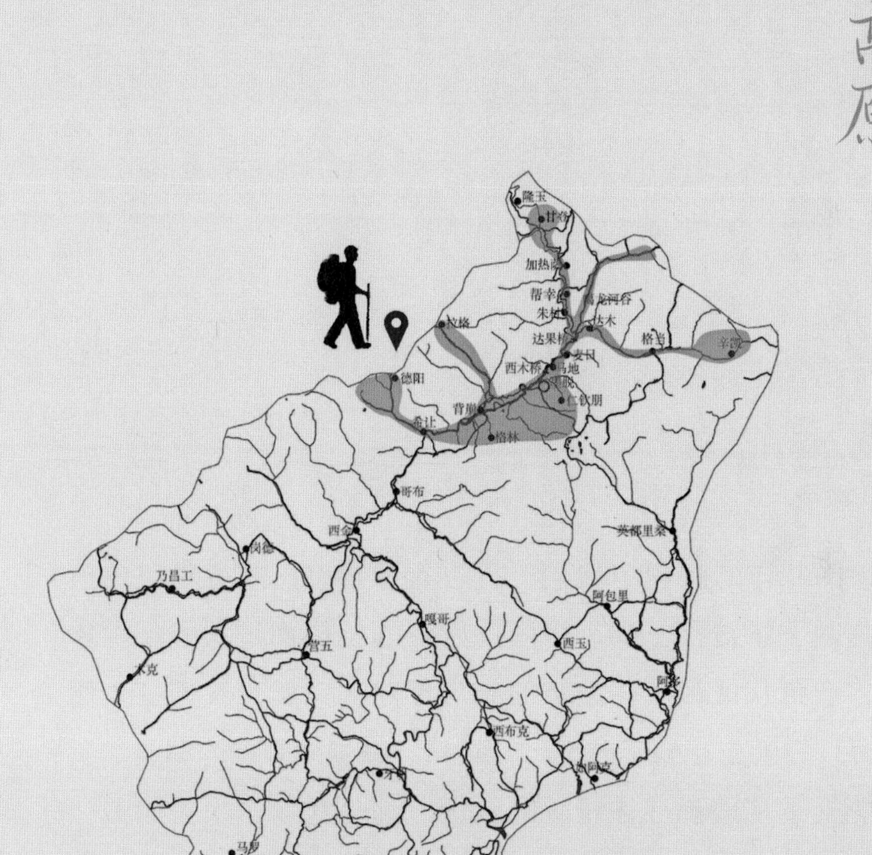

这个时候的拉萨河水，既没有春天冰雪融化时的寒冷刺骨，也没有夏天大雨倾盆泥沙俱下的混浊，确实是一年之中沐浴的黄金时节。

1992年9月5日，我们一行三人带着自己的行囊和18只铁箱踏上了行程。那个时候飞拉萨的航班都是从成都中转的，而且从成都飞往拉萨的航班都是在早晨。我们三人便于9月5日晚上赶到了成都。9月6日，在细雨蒙蒙的早晨，我们登上了从成都飞往拉萨的航班。这是我第一次去西藏，激动和忐忑在内心交织着。我记得那天国航执飞的波音757飞机有点老旧，氧气面罩不停地掉出来，使我们的心情更加地不安。然而，经过了两个多小时的飞行，飞机平稳降落在拉萨的贡嘎机场。高原灿烂的阳光，让我们的心情好了起来。西藏生物所倪志诚老师派来接我们的车辆已经等候在外。

倪志诚老师是中国科学院植物研究所的研究员，他的经历就是一段传奇。倪老师参加过青藏高原和横断山脉等多次大型考察，后来又援藏来到西藏高原生物所任所长，长期工作生活在拉萨。倪老师也去过墨脱。1992年的夏天，他从拉萨回北京休假，不想平原出生的倪老师，居然在北京产生了“平原反应”胸闷、恶心、吃不下饭、睡不好觉。医生建议他尽快到一个中海拔的地方过渡和适应一下，否则就会得心肌炎。于是倪老师来到昆明疗养，我们就是在那个时候认识倪老师的。倪老师帮了我们很大的忙，他给我们介绍了西藏和墨脱的情况，这次到拉萨，有倪老师在，我们就有了一个坚强的后盾。

9月的拉萨，秋高气爽，碧空如洗。孙航在1990年穿越西藏的补点考察中，上过高原。我和剑云都是初上高原，有几分的忐忑不安，十分小心谨慎，生怕有高原反应，随时提醒着自己走路不能太快了。而孙航两年前就来过拉萨，对自己的身体有信心。一两天之后，我发现高原反应的症状都没有出现在自己身上，于是就放心大胆了起来。在拉萨，除了适应高原以外，需要办理各种“通关文牒”。在墨脱考察离不开政府部门的支持，我们要去政府开介绍信；墨脱是自然保护区，需要有林业厅的批准；墨脱是边境地区，由解放军管辖，需要解放军的许可，我们去了西藏军区作战处；我们需要的地图是保密资料，要去西藏测绘局借阅……而且这些“文牒”是有顺序的，拿到甲，你才能得到乙，而西藏每个部门的办事效率有自己的特点，我们逐渐适应。而这个期间，却让我们有机会游览了布达拉宫、大昭寺、八廓街和青藏川藏公路纪念碑等名胜。那时的拉萨，仅有两条主要的街道，远远不如现在繁华，但是内地有的商品这里也应有尽有。在此期间，我们在拉萨过了中秋节（1992年9月11日），1992年的中秋节正值藏历七月上旬，恰巧与藏族同胞的沐浴节吻合，我们也有幸目睹了沐浴节的盛况。拉萨河畔，满是洗澡的藏民，男的，女的，老的，少的，他们尽情地、大大方方地在清澈的拉萨河里沐浴嬉戏，毫不做作，有的还把家中的地毯也带到河里洗涮。这个时候的拉萨河水，既没有春天冰雪融化时的寒冷刺骨，也没有夏天大雨倾盆泥沙俱下的混浊，确实是一年之中沐浴的黄金时节。

当然，期间最重要的事情，是进一步向倪老师了解墨脱的情况，进一步补充给养。倪老师说，车辆能到达的终点是一个叫“派区”的地方，从这里进入墨脱背崩乡的马尼翁有3天的路程。倪老师详细给我们介绍了每天的路况，说这段路程非常艰苦，是整个考察过程的拦路虎。倪老师还建议我们以背崩为基地向周边延伸，而且在背崩也容易补充物资。倪老师的这些建议对于我们安排规划整个考察任务起到了重要的作用。期间我们还在西藏高原生物所买到几块太阳能板。进入墨脱晚间的照明问题困扰我们许久，晚上不能工作，需要带的东西实在是太多，我们能够带的蜡烛是有限的。西藏阳光充足，对于太阳能的利用成为我们的首选。这个太阳能板，白天放在阳光的照射下6～7个小时，能解决2个小时的照明问题，着实是解决了我们的大问题。

到了9月14日，各种“通关文牒”终于办好了，我们又要出发了。

青、川藏公路纪念碑

1992年9月14日出发前与倪志诚老师在西藏生物所的合影（左起孙航、倪志诚、俞宏渊、笔者）

1992年的八廓街

1992年的布达拉宫

4

从拉萨到八一

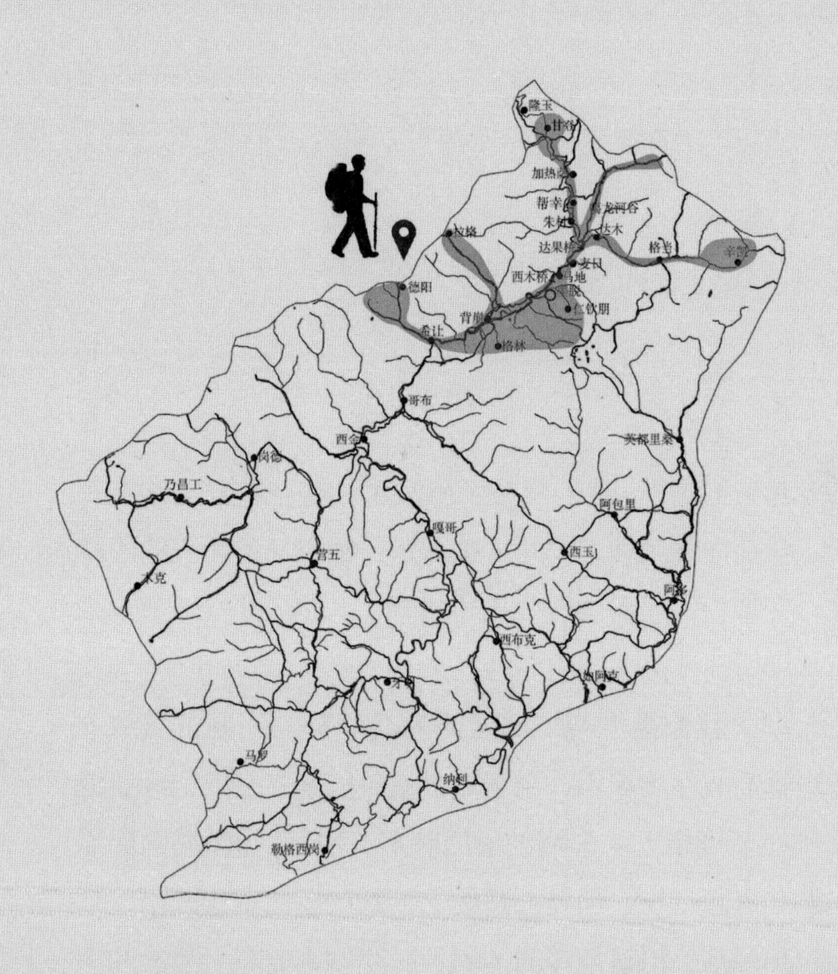

隆玉
加热
帮辛
达木
达果桥
格当
西木桥
马地
德阳
拉格
背崩
希让
格林
仁钦朋
哥布
西金
英都里桑
乃昌工
营五
阿包里
嘎哥
西玉
西布克
马罗
纳利
勒格西岗

八一镇位于林芝，是藏东南的重镇，连接西藏东、西、南三方的交通要道。

1992年9月15日，我们从拉萨出发了。前往墨脱的路还颇费周折，我们先要到林芝的八一镇。八一镇是林芝地区的政府所在地，在那里，还需要换一道“文牒”，然后从八一镇到派区，再从那里徒步进入墨脱。

一大早，我们乘上倪志诚老师为我们租的一辆东风牌卡车，行李辎重放在货箱里，由于驾驶室只能坐三个人，孙航把自己安排在了货箱上。车辆驶出拉萨后，沿着318国道向南前行。虽然在高原行车，但是公路的上下起伏反而不如云南。车子驶出拉萨城后，沿着尼洋曲（河）一路向南而行。清澈的河水，湛蓝的天空，空旷的原野，正把我们带向一个未知的世

从拉萨到八一镇途中的高山栎林

界，忐忑、新奇和激动在内心交织着。过了达孜后，我们把坐在车厢上的孙航叫了下来，3个人挤在驾驶室里。藏族师傅能把这辆东风牌的卡车开到50～60千米的时速，在28年前这是非常快的速度了。过了墨竹工卡，车辆驶入了米拉山，沿着弯弯曲曲的盘山公路向山顶缓缓驶去，窗外的山坡上，仅有一些低矮的灌丛，看不见树木。下午2:00左右，车辆驶过了海拔5 000多米的米拉山垭口，在路边上一间低矮的窝棚处停了下来，该吃午饭了。这个窝棚居然是一家饭店，由一对年轻的四川夫妇经营着。这个饭店，厨房和餐厅融为一体，大小不过8平方米，此处的海拔有4 200多米，这对小夫妇能在这个地方开个饭店，除了自己赚钱以外，简直就是在造福过往的驾驶员和乘客。驾驶员告诉我，在西藏这样的小饭馆比比皆是，大多数都是四川人开的，真是勤劳的人民啊！

吃过午饭，我们继续向前。路边的植被有了明显的改变，山坡上出现了高山栎、杨树和柳树，高山栎在山坡上形成了大面积的纯林，和北坡的景观明显不同。高耸入云的喜马拉雅山脉挡住了从印度洋来的暖湿气团，导致南坡和北坡景色和植被的差异。翻过米拉山口以后，一路下坡，随着海拔的逐步降低，路边的森林越来越繁茂，峡谷也开阔了起来，尼洋曲变得平坦了起来，河漫滩上绿草青青，牛羊在悠闲地吃着草，好一派田园风光，让人流连忘返！就这样走走停停，经过了9个多小时的行程，我们到达了八一镇。

八一镇位于林芝，是藏东南的重镇，连接西藏东、西、南三方的交通要道。之所以称其为八一镇，是因为在解放军进藏以前，这里就是一片乱石滩，解放军进藏以后，在乱石滩上建起了一座城镇。八一镇位于海拔2 900米的尼洋曲河畔，

笔者在尼洋曲河畔的留影

尼洋曲河畔的景观

尼洋曲八一镇附近的植被景观

八一镇附近的巨柏林

巨柏（喜马拉雅柏木）（*Cupressus gigantea*）

降雨充沛，景色秀丽，气候宜人，有着“西藏江南”之称，林芝地区的行署也设在这里，我们在此处还要换最后一道“通关文牒”。

到八一镇的第二天，我们就忙着去林芝军分区和政府办理各种手续。在军分区有关部门和政府办事都比较顺利，很快都开到介绍信并了解到相关情况。部队的首长说能给我们提供食宿保障，还给了我们一些预防疟疾的氯喹，建议我们提前一两个星期服用。想不到就是这个氯奎，28年后在抗击新冠肺炎的战役中发挥了重要作用，又立新功。部队首长甚至还问我们要不要借用枪支，实在是让我们吃惊不小。后来才知道，在西藏的边疆地区，那个时候的地方干部都是配枪的，在我们这次的考察中枪支确实也起到作用，当然不是我们的枪支。我们谢绝了部队首长借枪的好意。林芝公署的政府秘书长，也向我们介绍了墨脱的情况，并告诉我们墨脱县的县长叫桑吉扎巴，年轻有为，毕业于中央团校，对知识分子特别好。在行署，我们还遇到了毛问学副专员。毛副专员是云南林业学院（现西南林业大学）63届的毕业生。由于都是来自云南，又都和植物沾边，他对我们格外热情。毛副专员向我们介绍了墨脱的许多情况。他说，如果有问题可以用大功率的对讲机联系行署，还特别嘱咐我们要注意鱼尾葵[1]在墨脱的分布。

在八一镇办事的间隙，我们专门去考察了八一镇附近的巨柏林。巨柏（*Cupressus gigantea*）也叫雅鲁藏布江柏木，虽然高大醒目，但是植物学家认识它的时间却不算太早，是郑万钧和傅立国先生1975年才发现的新种。现在的八一镇交通发达，但在20世纪90年代之前，这里还非常边远。巨柏林距八一镇不远，在路边就能看到。这片巨柏粗壮高大，最大一株有50多米高，十几个人也合抱不过来。巨柏是藏东南的特有种，分布区域比较狭窄，大多分布于喜马拉雅的河谷地带。河谷传输来自印度洋的暖湿气团，满足了巨柏生长的需求，使得它们能够长得如此巨大。

在八一镇办好所有的“通关文牒”后，我们又向派区进发，这里是去墨脱的公路能到达的最后一站了。艰巨的考察工作即将正式开启。

[1] 鱼尾葵是棕榈科植物，分布于我国南方低海拔的山坡或沟谷林中。该种树形美丽，可作庭园绿化植物；茎髓含淀粉。不知道毛副专员是不是动了利用鱼尾葵的念头。

5

派区

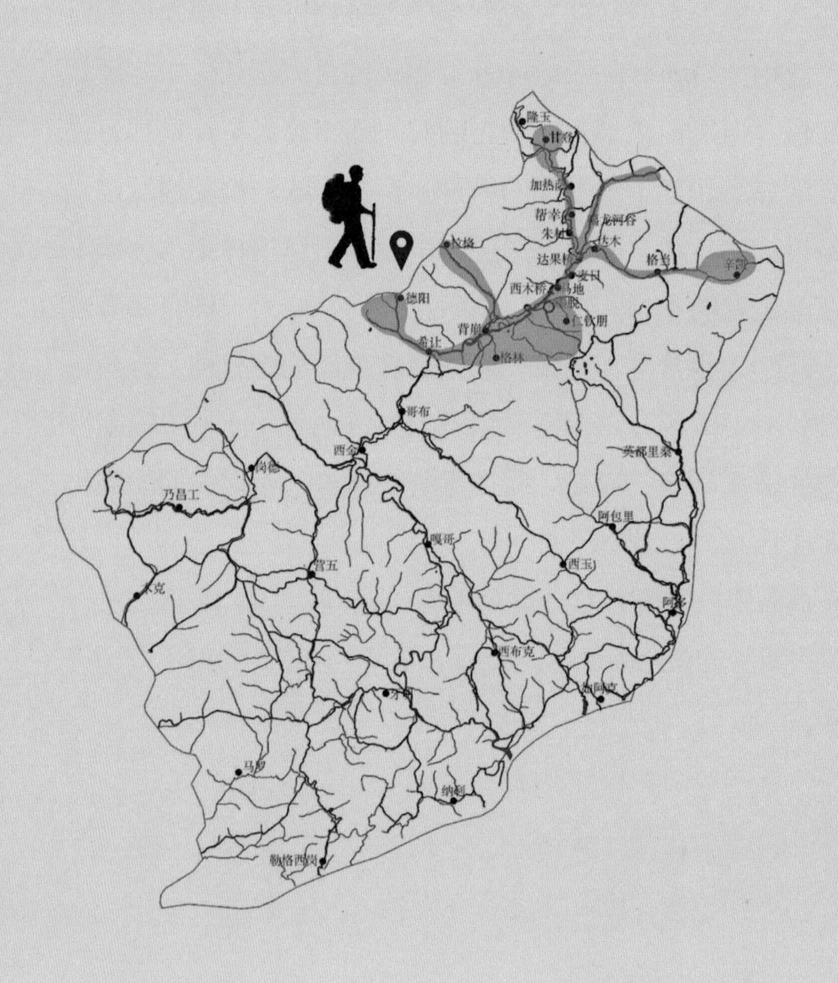

派区是雅鲁藏布江大峡谷的入口处，那个时候也是进入墨脱的必经之地。

9月18日早晨，我们乘车离开了八一镇，沿着尼洋曲往派区驶去。路的两边都是以川滇高山栎为优势的植被。尼洋曲在米林嘎玛村附近汇入了雅鲁藏布江，在这里我第一次见到了向往已久的雅鲁藏布江。雅鲁藏布江和喜马拉雅山相伴相随，成为青藏高原的代名词。从远处望去，一座拱形大桥横在江面上，这就是1971年建成通车的岗嘎大桥。现在雅鲁藏布江的桥梁已经不是什么稀奇的事情，但在20世纪，雅鲁藏布江的桥梁还是凤毛麟角。岗嘎大桥两端的桥头堡和南京长江大桥的桥头堡有几分相似，当地人又称岗嘎大桥为小南京长江大桥。过了岗嘎大桥，车辆沿着雅鲁藏布江继续前行，道路被山上冲下来的泥石流捣得七零八落，很多时候，车子就是在河滩上找路而行。随着车辆的前行，村庄越来越少了，地形却开阔了起来。

下午2:00左右，我们到达了派区（现在叫派镇）。派区是雅鲁藏布江大峡谷的入口处，那个时候也是进入墨脱的必经之地。1992年的墨脱尚未通公路，进入墨脱的物资通过车辆运抵派区后，再由派区经过人背马驮运进墨脱。派区位于雅鲁藏布江畔，江的南岸就是喜马拉雅山脉。雅鲁藏布江从此继续东流，通过加拉白垒峰和南迦巴瓦峰，在排龙拐了一个弯向西流去，形成了一个“U”形的大峡谷。这就是举世闻名的雅鲁藏布江大峡谷。根据国家测绘局公布的数据：大峡谷北起派镇的大渡卡村（海拔2 880米），南到墨脱县巴昔卡村（海拔115米，在藏南地区靠近印度阿萨姆邦的地方），全长504.6千米，最深处海拔落差6 009米，平均深度2 268米（引自百度），无论是长度和深度都超过了美国的科罗拉多大峡谷，是不容置疑的世界第一大峡谷。派镇附近的雅鲁藏布江江面开阔，水流平静，温文尔雅，而峡湾内江面狭窄，水流汹涌，咆哮如雷。大峡湾还是印度洋向青藏高原传送水汽的通道。此外，雅鲁藏布江位于印度板块和欧亚板块的缝合线上，巍峨高耸的青藏高原由柴达木、可可西里、羌塘、拉萨和喜马拉雅造山带等五个地块组成，而这些陆块在不同地质历史时期，依次从冈瓦纳大陆裂解，漂移并拼接到欧亚大陆南缘，并在新生代早期伴随着印度板块和欧亚板块的碰撞隆升形成青藏高原。谁又曾想到，6 000万年以前，喜马拉雅还在海洋之中，直到1 500万年前左右，喜马拉雅才抬升到现在的高度，喜马拉雅山山脉东西绵延2 400多千米。

在派区，雅鲁藏布江南岸的山峰叫作多雄拉，是喜马拉雅

岗嘎大桥

山脉中最矮的一座山峰，也就是未来几天我们要攀登的山峰。

到达派区我们才发现，这个不知名的地方，各种临时的建筑和帐篷比比皆是，大量的物资堆积在这里，各种人员熙熙攘攘。9月下旬到10月是往墨脱运送物资的黄金季节。过了11月份，这里就会大雪封山，直到次年的5、6月份。大雪封山的时候，人员和马匹都很难前行。7月到9月是印度洋季风最鼎盛的时期，这个时间阴雨绵绵，登山也非常困难。9月下旬，降雨的频度和强度都大大降低，晴天也多了起来，是进入墨脱最好的季节。此时的派区一片繁忙，大家都要趁着这个黄金时节，将一年所需的物资，赶在11月份大雪封山前运进墨脱。

到达派区安顿下来，我们做的第一件事情就是张罗着寻找民工，将这十几个铁皮箱子和所有物资运进墨脱。我们在派区看到那里堆积了许多的铁皮，一开始十分不解，后来才知道，这些铁皮在墨脱是用来做屋顶的，是政府对墨脱老乡的一种扶助。政府把铁皮分到每家每户，然后再由户主自己把铁皮运回去。看着熙熙攘攘的转运站，大家都忙着背自己的东西，非常担心找不到民工，特别是一次找齐几十个民工。谁知道，当我们要背行李的消息传出以后，很快就来了不少的民工，听口音

雅鲁藏布江大峡谷

他们都是四川人。后来才知道有不少四川人在墨脱打工，有些人甚至在墨脱结婚生子。多年以后，我遇到一位曾经在墨脱工作的干部，听他说长期给我们打工的一位叫张诚的四川人，一直生活在墨脱。如果说墨脱是孤岛的话，这些四川民工就是连接孤岛的方舟，我一直对他们心怀感激和尊敬。在张诚的帮助下，我们找齐了16位民工和5匹马，民工大多数是四川人，马则是当地门巴族老乡的。我们箱子装的东西有轻有重，我们当心民工们挑轻拣重，重的箱子没有人背，很快我们就知道，我们的担心完全是多余的。这里背东西，工钱不是按天算，而是计重收费。劳动人民是真有智慧，按劳分配，多劳多得的原则在这里得到了充分的体现。通过称重派发了行李，我知道，我们的行李辎重一共有700多千克。我们和民工们约好，4天后在背崩村交货。

在派发行李的过程中，有位民工告诉我们，部队有车子可以将我们送到半山腰。派发完行李后，我们又去找了在派区转运站的部队首长，寻求解放军的支持。当我们讲明了工作性质和任务后，得到了部队首长的支持。他答应派车子把我们送到一个叫松林口的地方，那里的海拔是3 600米，是车辆能够到达的最高海拔了，派区的海拔是2 800米，车子代替我们爬了高程800米的山路，这对我们已是极大的帮助了。

办完这些事情，我们心情大好，决定给自己放一天假，19日在派区休整一天，养精蓄锐，准备迎接最困难的挑战。这天早晨，天还蒙蒙亮的时候，我便被叫了起来，说这个时候是观察南迦巴瓦峰的最好时间。南迦巴瓦峰，海拔7 782米，是世界第28高峰，位于喜马拉雅山脉和念青唐古拉山脉的交汇处，它以东的岗日嘎布山脉属于横断山脉。由于这里水汽充沛，终

南迦巴瓦峰远眺（杨卫民提供）

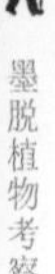

从空中看南迦巴瓦峰和加拉白垒峰
（三角形峰体的山峰为南迦巴瓦峰）

多雄拉山

年云雾缭绕，南迦巴瓦峰从不轻易露出真面目，传说十人九不遇，所以它也被称为“羞女峰”，少有人见过其真容。我们非常幸运，见到了仰慕已久的神峰。神峰羞羞答答，时隐时现，当我拿起相机的时候，它却披上了面纱。25年后的2017年，在参加第二次青藏高原考察途中，从昆明飞往拉萨的航班上，我再次见到了神峰。云层之上，三角形的峰体直穿云霄，与加拉白垒峰遥遥相望。和南迦巴瓦峰相比，多雄拉山就大方了许多，它毫无保留地展现了自己，仿佛在说：“来吧，我就在这里。”

6

翻越多雄拉

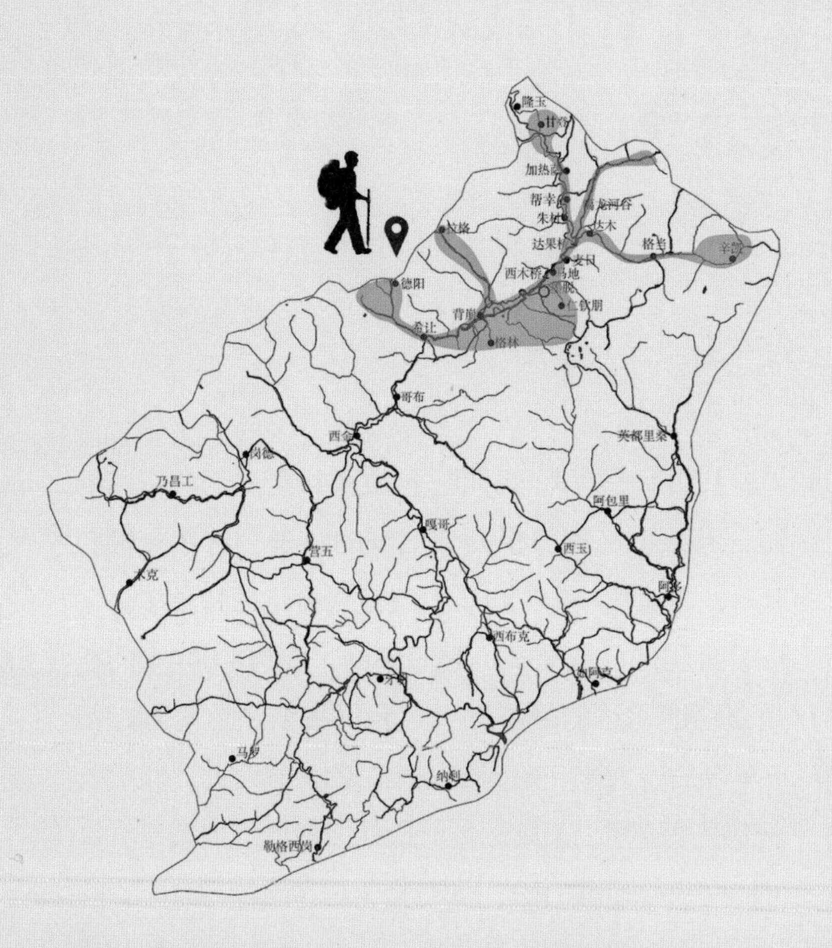

渐渐地，我们接近了垭口，传说中的大雨并没有如约而至，但是天空灰暗了起来，阵阵浓雾不断从山顶袭来，人马完全笼罩在浓雾中，迈不开步伐，我们小心翼翼地向上攀登着。

1992年9月20日一大早，我们一行三人和帮我们背行李的民工兄弟们一起乘上了解放军为我们派的车子。这是一辆轮子巨大的卡车，之前我从未见过，据说这是拉炮的特种车。车子沿着山路缓缓爬行，一个多小时后来到了海拔3 600米的松林口，这是公路能通达的最高处了。我们将要从这里翻越多雄拉山。下车以后，大家开始向多雄拉山的顶峰进发。我们一边爬山，一边观察植物、采集标本，松林口附近的植被是针叶林，主要树种是铁杉和高山松，在阳坡还有高山栎的分布。随着海拔的升高，冷杉和云杉逐步替代了高山松和铁杉，树林逐渐稀疏起来。当我们来到树线以上，群山渐渐地清晰起来。老乡们背着我们的行李缓缓前行，看到我们走走停停，不时还采集标本，就让我们赶快走。当地有一个传说，中午12:00必须要翻过多雄拉山，因为这个时候会准时下一场大雨，在高海拔地区，大雨常伴随着冰雪。但是，一路上的植物实在是让人流连忘返。刚开始的时候，我还担心有高原反应，慢慢地，我发现，我并没有什么不适。

渐渐地，我们接近了垭口，传说中的大雨并没有如约而至，但是天空灰暗了起来，阵阵浓雾不断从山顶袭来，人马完全笼罩在浓雾中，迈不开步伐，我们小心翼翼地向上攀登着。快到山顶的时候，当一阵云雾散去，映入眼帘的竟然是一匹倒毙路边的死马。刹那间，一种神秘和恐怖的气氛在人群中弥漫开来。这是一条不乏故事的神秘之路，一路上，同行的路人给我讲着这条路上的各种各样的故事。比如说，某年某日，一名解放军女战士独自一人，从墨脱翻山回派区，在多雄拉山突遇大雾不幸迷路，天色已晚仍不辨路径，后侥幸遇到同样迷路的路人，两人在多雄拉山上抱团取暖，度过了寒冷的夜晚，得以幸存。一开始听到这个的时候，我认为这就是路人们为了消遣漫漫长路而杜撰出来的故事，看到倒毙路边的死马，不由自主地开始相信这个故事是真的。有不少攀登者倒毙多雄拉山是真真切切的事实。后来，进入墨脱后也不断听到关于这条道路的故事。据说，由于这条道路的艰辛，解放军想到用直升机给驻守在墨脱的部队运送补给。为了改善部队的生活，在直升机航线开通的时候还空运过一头母猪到墨脱，有部分家眷还乘坐直升机到部队看望自己的丈夫。后来，直升机在多雄拉山出了事故，这条航线也就取消了。在墨脱的一些部队家属，由于没有能力走出墨脱，也就干脆在部队待了下来。

松林口的植被（铁杉林）

多雄拉山垭口

过了垭口一路下坡，下山的路丝毫不比上山轻松。“多雄拉”在藏语中就是多石头的意思。山岗上到处是石头，所谓的小路也是乱石林立，人们小心翼翼地从一块石头跳到另一块石头，一步跳空就要摔跤。一位民工说，这不是在走路，这是在踩梅花桩。马匹也在小心翼翼地下着山，看着高一脚低一脚行走着的马，我真担心马驮的行李会摔下来。不一会儿，我的担心就变成了现实，一匹马驮的铁箱摔下了马背。在上山的路上，我还能边走边观察植物，采集标本，在下山的路上，我们的全部精力都用来对付这脚下的“梅花桩”了。

渐渐地，森林又出现了，我们来到了一个叫拿格的地方，这是第一天的宿营地。这里背靠山崖，山崖前面有一片开阔地，有三间门口满是垃圾和空罐头桶的窝棚。除了窝棚外，山崖下还有一些岩洞，可供过往行人遮风避雨，老乡们把这里称为“拿格兵站”。由于白天生火做饭，夜晚便溺，“兵站”的门前形成了一个肮脏的泥塘。窝棚内铺了一些床铺，床铺上有一些已经分辨不出颜色的被褥。岩洞已经被先期到达的路人占满了，我们只能选择住窝棚，窝棚里的床位在1992年的价位是每铺15元，我们每人找了一个床位，吃了几块压缩饼干，拿出睡袋在窝棚中和衣躺下，度过了进入墨脱的第一个夜晚。

第二天一大早，我们叫醒了和我们一路同行的珞巴族民工王九，请他生火烧水泡方便面。吃过方便面以后，我们继续赶路。9月份，多雄拉山这条曲曲坎坷的山路，行人如织，是一年中最热闹的时候。大部分往墨脱赶路的行人都背着重重的行囊。解放军也在这个时候换防，路上有不少赶路的解放军。我们遇到了在边防三营当兵的云南老乡，他们一行三人计划一天从拿格赶到背崩。第一天的路虽然艰辛，但不觉得十分的累，

笔者、孙航、俞宏渊在多雄拉山垭口处的合影

俞宏渊在多雄拉山垭口处

倒毙路边的死马

拿格

我们就想和解放军同行。走了没有一会儿，我才发现我们的想法十分不现实，这几位解放军健步如飞，我们根本就跟不上他们的步伐。

第二天还是一路下坡，沿途的植被有了较大的变化，常绿阔叶林出现了，天气也渐渐地热了起来，从多雄拉山往背崩走，植被垂直分布明显，在不到80千米的距离内可以看到我国从海南到东北的各种类型的植被。从背崩到多雄拉山的这个大峡谷就是一条镶嵌在喜马拉雅山中的沟壑，来自印度洋的暖湿气团沿雅鲁藏布江而上，又沿着峡谷向上，大部分的暖湿气团被多雄拉山阻断，充沛的雨水滋润了峡谷两边的植被。少数强大的暖湿气团，能够翻越多雄拉山而进入青藏高原。直升机从寒冷的青藏高原进入峡谷，如果遇到强大的暖湿气团，就像一个人突然进入热气腾腾的洗澡堂子，浓雾迷漫，加之峡谷狭窄，稍不留神，飞机就会出事。邱光华1988年所驾驶的直升机曾在多雄拉山出过事，所幸大难不死，机组成员全部幸存了下来。不想邱光华却在2008年汶川的抗震救灾中牺牲了，英雄马革裹尸还。

当道路变得平缓的时候，我们又开始边走边采集标本。在针叶林后，是一片高山杜鹃林，杜鹃树上挂满了苔藓，暗示着这里的水分非常丰沛。翻过喜马拉雅山脉以后，来到山脉的迎风面，海拔2 500米左右的地方都是常绿阔叶林，这里森林茂密，树木高大，林中有鸟儿在欢歌，偶尔还能看到在林中跳跃的猴子。由于树木太高，我们只能从落到地上的叶子来判断，头上的树是什么植物。孙航在一棵大树下停了下来，手上拿着几片叶子，抬头望着顶上的树木，他说这可能是一个新的类群，当我们正在愁着怎么采集标本的时候，树上的猴子扔下了几只树枝，树枝上的叶子和孙航手中的叶子完全一样，而且有果实，这真是得来全不费工夫。这份标本后来经研究，果然是蔷薇科的一个新种。在林下，剑云还采到了两株三七，后来经鉴定也是西藏新分布的类群。

海拔下降到了2 200米处，一片规模较大的木头房子出现在了密林中，这就是汗密兵站，我们第二天的食宿点。汗密这个兵站也就是为了方便过往的解放军战士而修建。从派区到背崩有约90千米的路程，一般人需要走三天，体力较好的，两天也可以走完，解放军通常是走两天，他们从派区一天要赶到这里。这个兵站和拿格兵站比起来，简直就是五星级的宾馆。兵站有几间木板房，有厨房、仓库、卧室，一应俱全。兵站在物资转运的季节，人声鼎沸，热闹非凡，大雪封山以后，兵站仅留两个战士看守。年轻留守的战士就与大山的密林和野兽为伴，实在是难为他们了。不知是哪个留守的战士在兵站的门上留下了一副对联：清炖蚂蟥遍地是材料，凉拌冰雪到处可取材，横批：天天如此。这是冬季兵站的真实写照。军民一家亲，到了这里，我们只有叨扰解放军了。我们刚进入兵站就听到一声枪响，原来是一条蝮蛇溜进了厨房，被解放军开枪打死。这是今天遇到的第三条毒蛇了。来之前，我们就知道墨脱蛇多，为此我们还专门准备了抗蛇毒的血清。

过了汗密兵站，很快就到了传说中的老虎嘴。据说这是从背崩到墨脱道路中最为艰险的一段。有几个人能从老虎嘴中走一遭又能安然无恙的？山地在这里变成峭壁，老虎嘴就是镶嵌在峭壁上的一条小道。当我们做好各种思想准备进入老虎嘴的时候，老虎嘴的状况超出了我的想象。一米多宽的小路，悬

孤岛宾馆（孙航提供）

拿格附近的植被

老虎嘴远眺

在峭壁上，如果没有恐高症，通过老虎嘴就毫无挑战。我颇有几分失望地问同行的路人："这就是老虎嘴？"同行的当地老乡告诉我，这确实是老虎嘴，我们现在走的路是解放军在峭壁上修出来的。原来的老虎嘴是要在陡峭的岩壁上攀行，稍不留神，就会跌入谷底，故有此称。由于这是一条进出墨脱的必经之路，解放军在峭壁上炸出了一条山间小道，老虎的牙齿被拔掉了。从拔了牙的老虎嘴通过，挑战大大降低，不由有点兴趣索然。

过了老虎嘴，路上的坡变得更陡峭了，这时我左腿的关节疼痛了起来，每走一步都十分困难。我已经无心采集标本，只想着如何走完剩下的路程。此时，我变得像一个小孩一样，不停问王七背崩到了没有，每次他的回答都是快了，快了。海拔越来越低，天气也越来越热，我们依次过了一号桥、二号桥

沿途采集的三七

和三号桥。在这里，我们看到了一片稻田，王七告诉我们这里叫马尼翁。雅鲁藏布江在远处隐约可见，这意味着我们的目的地——背崩村就要到了。三天来，一路上缺吃少眠，我们体力早已消耗殆尽，咆哮的江水声仿佛是给我们打了一剂强心针，让我们鼓起余勇，继续向前。终于来到解放大桥旁，这是墨脱境内跨越雅鲁藏布江最大的桥了，过了解放大桥就是背崩村。解放大桥的海拔为800米左右，而背崩村却在海拔1 200米处的半坡上。也就是说，我们还有400米的高程要爬。我们三人坐在桥边，休息了好一阵，铆足了劲，做最后的冲刺。我们相约一鼓作气直抵目的地，登上背崩村。可是走了不到15分钟，不知是谁说了一句休息一下吧，强弓末弩的我们稀里哗啦又坐到地上。就这样，我们跌跌撞撞地进入了背崩村，开始了为期9个月的越冬考察。

雅鲁藏布江水汽通道

拿格附近的铁杉林

老虎嘴附近的常绿阔叶林

马尼翁附近的河谷植被

高山杜鹃林

树蕨

7

背崩乡

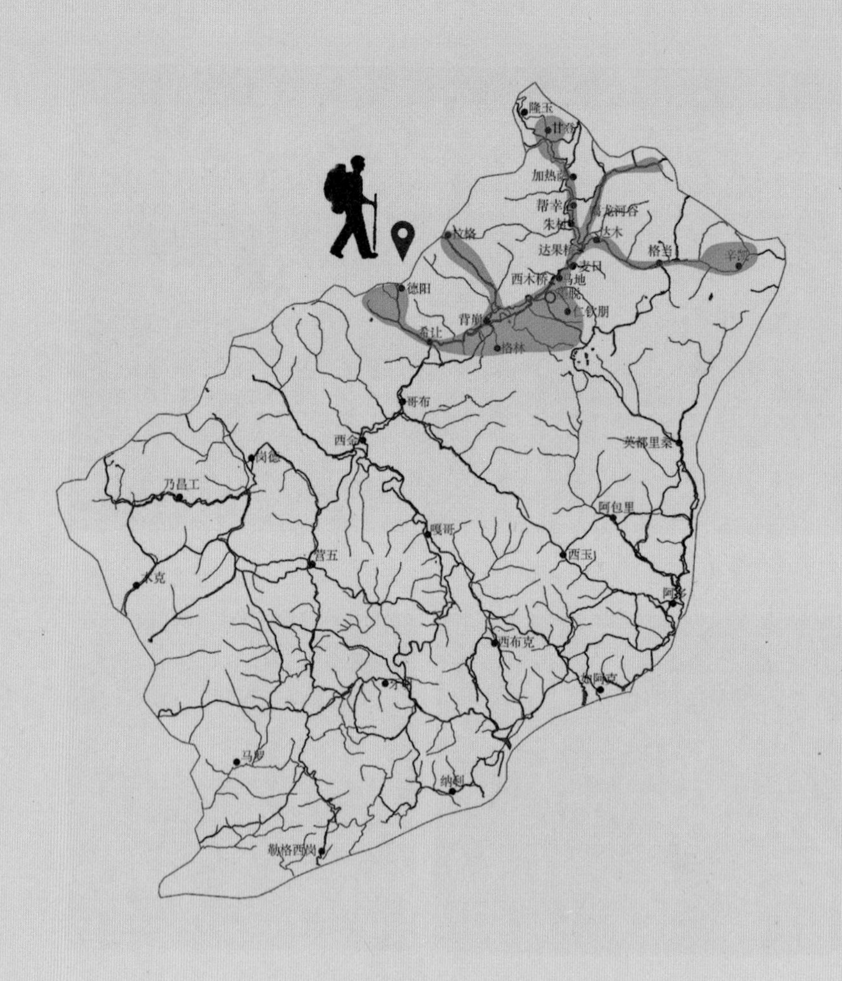

这是一个坐落在雅鲁藏布江大峡谷海拔800多米处的小村庄，雅鲁藏布江从村前流过，四周群山环抱，满目苍翠，山坡上的稻田金灿灿的，在苍翠之中格外醒目。

当我们到达背崩村的时候，已经是傍晚6:00左右了。饿累交加的我们去找乡上的干部，书记不在，副乡长东林在他家里接待了我们。他一边安慰着我们，一边为我们做饭。只见他拿出一个石锅，把米放在里面就煮了起来。在煮饭的过程中，他又为我们安排住所。他给了我们一个空的房间，供我们使用。煮好饭以后，他又用石臼舂了一些辣椒，就招呼我们吃饭。就着舂出来的辣椒，我们吃了一顿简单但十分可口的晚餐。用石锅煮出来的米饭味道十分特别，后来我才知道，这制作石锅的材料，是蛇绿岩。蛇绿岩大多来自洋壳，是板块拼合的证据。雅鲁藏布江就是印度板块和欧亚板块的缝合带，墨脱多产蛇绿

背崩村远眺

背崩村

岩也就不奇怪了。是谁先想到用这蛇绿岩来做石锅的？墨脱的石锅给我留下了很深的印象。我一直认为石锅饭是墨脱饮食的一个特点。2018年，再次行走在藏东南一线的时候，发现几乎每个餐馆都以石锅作为自己的招牌菜，石锅鸡、石锅鱼比比皆是。

吃过晚饭，我们来到乡长为我们提供的房间，这是一间木板房，地板也是木板的。我们打扫干净房间，拿出睡袋躺了下来。滔滔不绝的江水声和对即将开展工作的担忧，让我们在背崩乡的第一个夜晚睡得并不踏实。第二天一醒来，我们准备接收派发出去的辎重，陆陆续续有民工们把行李背到了我们的住处，我们一边收货，一边给钱，大约到中午时分，我们收齐了所有的行李，除了有几只铁箱被摔坏外，所有的行李一件不少。当时考察的时候都是现金交易，我们带了十几万的经费，如何安全地携带这一大笔现金也费了一番脑筋。我们每个人在内裤上缝了一个口袋，大笔的现金就这么随身携带，时时刻刻都与金钱为伴，以至于后来钱花完以后，我觉得肚子这里老是空落落的，过了很久才习惯。收齐行李后，我们的心情好了很多，这才有兴致去打量这个小山村。

这是一个坐落在雅鲁藏布江大峡谷海拔800多米处的小村庄，雅鲁藏布江从村前流过，四周群山环抱，满目苍翠，山坡上的稻田格外醒目，干栏式的木屋稀稀落落地分布在山坡，铁皮的屋顶在阳光的映照下闪着银光，各家各户的院落内都种了一些瓜果蔬菜。村头有一所小学，每天早晨都能听到孩子们用汉语和藏语两种言语交替朗诵课文。

背崩乡政府就设在背崩村，乡政府在村子中央，由几排类似四合院的木屋组成。坐北朝南，楼板悬空的一排房屋是办公

背崩村的稻田

室、招待所和宿舍，东厢房和西厢房分别是两排木板房，兼做办公室和宿舍，朝北的木屋是会议室和仓库。房屋的中央形成一个没有完全封闭的院落。我们的房间在西厢房，两边是乡干部的宿舍，右边一间住着一对小夫妇，左边住着一位老太太，不会说汉话，看样子像哪位干部的家人。老太太每天一大早就开始念经，在背崩的日子里，晚上我们听着江水的歌唱入眠，早晨在“唵嘛呢叭咪吽”的诵经声中醒来。东厢房的外面还有一间柴房，做饭和烤标本都在这里进行。三块石头一口锅，就是我们的厨房了。距乡政府不远处有一个石头修成的蓄水池，村民们用竹子将山泉水引导到池子中供全村人使用。此处还是妇女们沐浴的地方，住在背崩村的日子里，我们去担水的时候，有许多次和正在沐浴的妇女们不期而遇（参见：洗澡、老鼠和电报）。

墨脱县占地面积为3.4万平方千米左右，全县有人口不到1万人，有背崩、墨脱、德兴、格当、帮辛、加热萨、达木和甘登等8个乡镇。背崩在雅鲁藏布江大峡谷的下游，帮辛、加热萨、达木和甘登等4个乡镇在大峡湾的深处。这些乡镇海拔不同、环境不同，分布的植物种类和植被都不尽相同。我们这次的考察任务是摸清墨脱植物的家底，掌握墨脱植被的组成和区系特征。之前的记录上说墨脱有热带雨林，但是一直没有标本记录，查清楚墨脱是否有以龙脑香为特征的热带雨林，也是此次考察的重要任务。我们计划先以背崩乡为基地，先期考察峡谷中下游的植被，然后再转战其他乡镇。

收齐行李，找到住所，也算在墨脱站住了脚。但是接下来还有一系列的问题等着我们去解决。那时的墨脱是完全封闭的，没有任何的商业活动，偶尔有四川农民工背一些东西进来卖。在这里，钱真是没有多少用处，拿着钱经常买不到东西。我们带来的粮食仅够吃一个星期，必须首先解决这个重要问题。其次，那时的墨脱无论去哪里都得带上粮食和行囊，没有老乡的帮忙，我们三人是不可能深入到密林中进行考察的，不深入密林就完不成考察任务。其三，我们已经快有一个星期没

身着民族服装的门巴族夫妇

有和外界联系，我们需要与所里和家里取得联系，报个平安。而那个时候，墨脱和外界联系的方式就是电报，而只有县上才能发电报，从背崩到县上还有30多千米的路程。当务之急是尽快和县政府取得联系。于是休整两天以后，我们又向墨脱进发了。那天早晨，走了一会的路，我左腿的关节疼痛难忍。孙航劝我返回背崩，考虑到我拖着瘸腿，会影响整个队伍的行程，我不得不返回了背崩。4天以后，孙航他们带来了好消息：他们在县上见到了县长桑吉扎巴，县长对我们的考察任务非常支持，答应给我们“吃供应”。所谓“吃供应”就是按照县上在编干部（那时还没有公务员这个概念）的标准平价为我们配备供应，也就说是我们拿着钱能够在墨脱买到粮食了。“吃供应”完全解决了我们的后顾之忧，拿着县上的批条，我们在背崩买到了大米。这些大米都是靠人背马驮运进来的，在仓库里，装大米的口袋上还散发着浓烈的马汗味道。在春节的时候，按照“供应”的标准我们每个人买到了一小块腊肉、几个

在得儿功与老乡的合影

罐头和一些腌菜，当然这是后话。县长对我们支持的第二项措施是从县农牧局派出一名干部，全程陪同我们参加考察。从农牧局派来的干部叫李杰，是十八军的后代，他几乎陪同我们参加了在墨脱的所有考察。县长的这两个措施给了我们莫大的帮助。在县上，孙航和剑云也通过电报向所里和家里报了平安。那个时候，为了收发一个电报，需要走30多千米的路程。毛副专员说的大功率对讲机非到紧急情况是不能用的。

解决了后顾之忧，我们就开始工作了。背崩村就在森林中，无论是江边还是山坡上，植物都很丰富，这些地方的标本当然得采集，但是我们还得啃硬骨头。从多雄拉山到背崩的植物能够完整地代表植被和植物区系从热带、亚热带、温带到高寒植被和植物区系的变化，是研究植物垂直分布和演替的理想之地。虽然从多雄拉山来的时候，我们一路都在采集植物，但这远远不够。我对这段路程仍然心有余悸，但是我们还是得再上多雄拉山。10月的墨脱仍是阴雨连绵，前往拿格、汗密的考察一再推迟。连续下了一个多星期的雨，终于停了下来。在乡长的帮助下，我们在背崩找来4位门巴族老乡，带上帐篷，带足7天的粮食，又往多雄拉山出发了。经过一段时间的休整和锻炼，我们对这种每天走30千米路的生活模式已经适应了很多。雨后道路湿滑，蚂蟥特别多，尽管我们已经穿上了高筒的布袜子，还是会有蚂蟥钻进来。蚂蟥是以吸血为生，它干这个事情的时候，无声无息，你也不会有任何的感觉，当它吃饱喝足又悄悄地离开，你才会知道它曾经来过。蚂蟥分泌的水蛭素有抗凝血的作用，被蚂蟥叮咬过的伤口，流血不止。在墨脱经常能看到马的身上，特别是眼睛附近有一条条的血痕，这就是蚂蟥叮咬后留下的痕迹。被蚂蟥叮咬过的伤口还会引起过敏，奇痒难耐，你会不断去挠它。剑云的皮肤就对蚂蟥的叮咬特别敏感，经常看到他在挠痒痒。蚂蟥成了我们考察中的一大敌人，每次出门都要对其严密防范。打上绑腿是防止蚂蟥侵入相对有效的办法，但绑腿只能够防住蚂蟥从脚下侵入，却防不了“空降”的蚂蟥，墨脱森林茂密，很多蚂蟥直接是从树上降落到我们的脖子上和脸上的。

门巴族老乡出门总是慢悠悠的，说好8:00出发，结果10:30都还没有出门。第一天，计划的路程仅走了一半，我们就在马尼翁住了下来。老乡们整理了一个路边的窝棚，住在里面，而我们支起了帐篷。这是我们在墨脱第一次也是唯一一次住在帐篷里。当天夜晚又下起了大雨，雨虽然没有淋进帐篷，但是帐篷几乎就泡在水中。后来才发现，帐篷远远不如窝棚方

10月份拿格附近的景色

便。在墨脱茂密的森林中，收集搭窝棚的材料比较方便。砍几支树杈，撑起一个三角形，顶部盖上塑料布，地上铺上树叶，一个窝棚就成了。这既简单又方便，晚上睡觉也不算冷。在墨脱的考察中，我们经常睡这样的窝棚，在森林中经常也能找到一些半永久性的窝棚，稍加整理就能使用。建立宿营地需要两个基本的条件：相对平坦，靠近水源。在一些峡谷地带，满足这两个条件的地方并不多，一些理想的宿营地常常会有一些老乡留下的半永久性的窝棚。

我们从背崩到多雄拉山一路向上，一直走到了拿格。不到一个月的时间，这里的景观已经发生了很大的改变，山上已有积雪，高海拔的草本植物已经倒苗了，落叶松已经变成了红色。而汗密一带亚热带常绿阔叶林的森林，仍旧郁郁葱葱，而且许多植物正是果期，是采集标本的最佳时期。在这里，我们采集了不少的标本。6天后，我们带着采集的标本返回了背崩。同样的路，同样的距离，这一次要轻快了许多，下午4:00，我们就从汗密回到背崩。回来之后的第二天，我们开始压标本和烤标本，这要花上2~3天的时间。我们带来的烤架、植物志和图鉴发挥了作用，烤架在这里完全能用，只要掌握好火候，烤出来的标本质量不错。压标本时孙航在登记，他能够认识大部分采集的标本，至少到属一级，这让我非常佩服。对于一些不认识的标本，我们也会停下来，去查一查植物志和图鉴。以背崩为基地，我们对周边的地区如格林、得儿功、江新进行了采集。

8

墨脱的酒

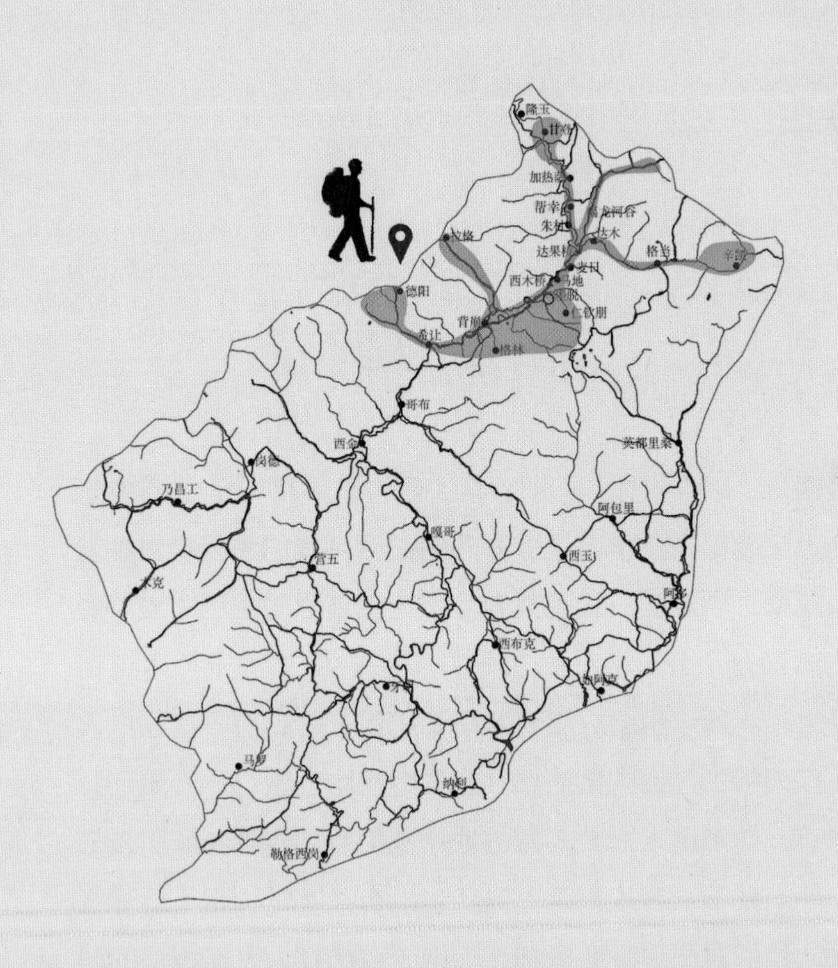

这酒的度数并不高，估计就和啤酒的度数差不多。这种酒在门巴族的生活中起着重要的作用，据说没有喝过门巴族的酒，就不算去过墨脱。

慢慢地，我们把背崩当作了自己的家，和村子中的乡亲们也熟悉了起来，还学会了少许的门巴话。我们经常会向乡亲们要点蔬菜，偶尔买一只鸡或者几个鸡蛋来改善生活。当然最有效的方法是以物易物，比如说我们带的压缩饼干和水果糖就很受欢迎。偶尔也会去老乡家串个门什么的，有一次一户人家的小孩夭折了，请人做法事，我好奇也跑去看。一开始还有几分担心，结果主人家大大方方地让我拍照。到老乡家里去的时候，他们就不给客人泡茶（其实也没有茶叶），也不招呼客人喝水，我们对此也没有多想，归结于自己在人家家里待的时间不够长，主人没有足够的时间烧水泡茶。后来才知道，在墨脱，大家喝酒不喝水。

第一次喝“门巴酒”是在考察途中。我们三人和几位背崩村的门巴族老乡外出采集标本，一行人走得又饿又累，来到了一个门巴族的寨子，同行的门巴族老乡将我们带进了一个老乡家中歇息。门巴族的房子和云南少数民族房子一样，也是干栏式建筑，整个房子是用木头修建而成的，屋顶大多是用的铁皮。建造房子的木材自然是来自村庄周边的森林，屋顶原来是用木头削成片拼接而成。木头制成片费工费时而且不耐腐，为了帮助门巴族老乡，政府向门巴族家庭提供铁皮作为屋顶。提供铁皮容易，但是把铁皮运进墨脱可是一件难事。于是政府就出台了一个政策，雇佣老乡们把政府给他们自己的铁皮从派区背回来。我们在墨脱看到的大部分屋顶都是铁皮的。房屋的中央是一个大大的客厅，客厅中央有一个火塘。门巴族老乡家中的陈设非常简单，我们一行人在主人家的地板上席地而坐，沿着火塘围坐成一个半圆。看到主人忙着生火烧水，我期望着能有一杯热茶缓解一下旅途的疲劳和饥渴。看着主人从一个巨大的葫芦中取出了一些东西，由于光线不好，我看不清楚，猜想是茶叶吧。不由纳闷，怎么门巴族的茶叶是储存在葫芦中？主人将这些东西放到了一个大竹筒中，接着将烧热的水浇到这个竹筒中，一会儿有液体从底部流到事先准备好的一个脸盆中。我自作聪明地以为这是门巴族的泡茶方式。一切准备就绪后，女主人用一个大瓢从脸盆中盛起了满满一瓢“茶”倒满一碗，递给了坐在半圆最边上的一位客人，然后笑盈盈地站在客人跟前，客人喝一点，女人添一点，再喝一点，再添一点，直到客人喝完了整整一瓢的“茶”。之后，女主人又从盆中盛满一瓢并加满一碗，将碗递给了第二位客人，耐心地等着第二位客人喝完整瓢“茶”之后，再将碗递给下一个客人。主人添得和风细雨，客人喝得温文尔雅。有的客人喝了三口之后，又回敬女主人几口。一个人喝完这一瓢“茶”得要五六分钟。我坐在圈子的中央，饥渴难耐，为了维持起码的礼貌，我没有插队，没有催促，耐心地等着。好不容易轮到我了，接过女人递过来的碗，我结结实实地喝下了一大口。这液体一入口，我差点吐了出来。天呀，这不是茶，是酒。期待着茶，喝到了酒，这幸福来得太突然，一时没有接住。女主人看着一脸惊恐的我，虽然不解其意，但仍笑盈盈地给我的碗添满了酒。我小心翼翼地喝了第二口，让液体停留在口中，慢慢品味和体会，发现这酒绵柔温和，往下咽的时候又有一丝淡淡的甜味。第三、第四口之后，我完全放松了下来，和其他客人一样，享受着喝酒以及和女主人相互敬酒的过程。喝着喝着，身心放松，饥渴舒缓，不知不觉中喝完了整整一瓢酒。女主人冲我莞尔一笑，将碗递给了下一位客人。

鸡爪谷

这酒的味道特别，喝酒的方式也是第一次见。我好奇地打听起酒的制作方法。这门巴族酒的原料是用当地

正在收割鸡爪谷

正在制作鸡爪谷酒

所产的一种鸡爪谷（*Eleusine coracana*）。鸡爪谷是一种禾本科穇属植物，原产地不明，在我国南方广泛栽培，在西藏2 000米以下的河谷地带包括墨脱、察隅、错那、波密、吉隆、林芝、定结、聂拉木等地也有栽培，穗子形似鸡爪而得名。鸡爪谷的种子曾经是门巴族、洛巴族和藏族同胞的粮食来源之一，后来在亚东的考察中，我还吃到过用鸡爪谷面粉制作的馒头，味道非常不错。

据说这鸡爪谷还有补中益气、健脾养胃的功能。我们在墨脱看到栽培的鸡爪谷，但是没有看到门巴老乡食用这鸡爪谷，大概这鸡爪谷都用于烤酒了。门巴酒的制作也很简单，先将脱了粒的鸡爪谷上锅炒熟，然后将炒熟的鸡爪谷晾干，加入秘制的酒曲拌匀，再把加入了酒曲的鸡爪谷装入葫芦中封严实，然后放在火塘边上增加温度，让葫芦中的鸡爪谷自然发酵，几天以后这酒就算好了。饮用的时候，将葫芦中已经发酵好的鸡爪谷取出，放入竹筒用温水淋一下，这酒就算是成了。这酒的度数并不高，估计就和啤酒的度数差不多。这种酒在门巴族的生活中起着重要的作用，据说没有喝过门巴族的酒，就不算去过墨脱。在墨脱不种茶叶（现在墨脱有些乡村已经开始种植茶叶了），当地也没有喝茶这一说，待客和自己解渴都是喝酒。我曾在门巴族家看到过不满周岁的女儿在吵闹哭啼，母亲没有喂她奶而是喂了她一小口酒。据说这鸡爪谷酿造的酒，还有产后催奶的功效，但真假不辨，有待验证。

自从第一次喝了这墨脱门巴酒后，每次野外长途跋涉之余就希望能够喝上这一瓢门巴酒。每当团坐在门巴老乡家中喝酒的时候，我常常会想：要是有一天我的工作干不下去了，就去开一间酒吧，取名门巴酒吧，酒就按照门巴族的方式酿造，喝酒按照门巴族的方式来，聘请长相端正笑容甜美的门巴族妇女给客人们添酒。客人们围坐在长桌旁，在海阔天空中，一瓢瓢的酒慢慢下到客人的肚中。当然，门巴酒吧一定要包容并蓄，除了门巴酒外，也卖啤酒、红酒、白酒和洋酒，但是无论你喝哪一种酒，方式一定得按照门巴的来。当然考虑到安全因素，酒吧提供免费代驾。20多年过去了，我的工作还在继续着，这个小目标至今仍未实现。

正当我们慢慢地习惯了这酒的滋味和喝酒的方式的时候，一位县上干部的一席话又让我们的酒兴蒙上了一层阴影。一天在背崩乡遇到一位在墨脱挂职的干部，他给我们讲述了一个秘密存在于墨脱的神秘宗教，姑且叫“密教”吧。密教相信毒死一个人之后，这个人的相貌、财产、地位及所有的好东西都会转移到自己及其家人的身上，而酒就是他们下毒的媒介。这位干部还给我们讲了一件真实的事情：墨脱县武装部部长就出生在大峡谷中的一个门巴山村，军衔至大校，是门巴族中级别最高的领导了。20世纪90年代初，部长夫妇被人下了毒，危在旦夕，部队上为了抢救部长夫妇的生命，两次派医疗队冒险翻山进入墨脱，结果这位大校的生命是保住了，但是他夫人不幸去世。听了这个密教的传说及其这个故事，我是半信半疑，向县农牧局派来配合我们工作的李杰及其相熟的门巴族老乡求证这个事情，居然是确有其事，墨脱的确有密教的存在，密教下毒及其部长中毒的事情都是真实的。有一本叫《上珞渝地区基本情况调查》的书中也记录了下毒习俗的存在。因为这毒并不是立马发作，往往搞不清具体是在哪里中的毒。据说这密教非常隐秘，仅在家庭成员中传播，传女不传男，由母亲传给家中的一位女儿。听完这些故事不由一阵后怕，但是在墨脱要进行野外工作，就离不开当地乡亲们的支持，很多时候不得不借宿门巴族老乡的家中，进入门巴族老乡的家中，这第一件事情就是喝酒，如果这酒不喝，接下来事情就无法开展。这个时候，我们到墨脱已经有了一段时间，已经有了门巴族老乡的朋友，于是我们就向朋友求教如何应对这个事情。朋友告诉我们，这个事情没有那么可怕，密教和下毒的习俗是否真的存在也尚无定论。其次，关于被下毒的事件也大大减少了。再其次，就

正在老乡家中喝酒

门巴族老乡在做法事

是真有密教的存在，也不普遍，被怀疑有密教存在的寨子也就那么几个，如果实在担心，可以避免去这些寨子借宿并杜绝去这些寨子喝酒。还有一招，是告诉我们密教这件事的干部教我们的，据说毒都是下到酒里，在喝酒的时候，按照门巴族喝酒的礼节，你喝了头三口以后，也可以回敬女主人三口，这个时候，如果女主人不喝，这十有八九是有问题了，接下来的酒你也不能喝了。除了这三招以外，我还有点小私心，被下毒者都是相貌堂堂、英俊威武、腰缠万贯。在我们考察队中，矮小如我应该是最安全的了，如果密教要冲一个人下毒，首选应该是孙航，第二个也轮不到我。了解了这些以后，喝酒又回归了常态。

在墨脱还有一种酒是亲兄弟之间喝的酒，喝过这种酒的人一定很少。上面说的酒是黄色，称为黄酒。有一次，我们的民工在寨子里惹了事，当地的老乡要把他赶出墨脱。这大雪封山，他如何离开得了？我和孙航就去找乡上的书记协调此事，一番口舌之后，书记不仅收回了成命，还和我们成了朋友和兄弟。正当我们要离去的时候，书记拿出一瓶白酒（这酒用黄酒蒸馏而成，酒精度要比黄酒高了许多，颜色是白的，称白酒），说等一等，接着拿出了三个碗倒满了酒，紧接着放入鸡蛋、奶粉和糖，搅了搅递给我们，说这是亲兄弟之间才喝的酒。鸡蛋、奶粉和糖在墨脱都是稀罕之物，我们明白书记是给我们喝最好的东西，这酒肯定是不能推托，必须喝完。我们端起碗来，给书记作了一个揖，趁着鸡蛋和奶粉的味道还未泛起的时候，一口气喝下了兄弟酒，又趁着书记还未来得及倒第二碗酒的时候，快步离开书记家。我相信喝了这亲兄弟的酒，什么样的酒你都不想再喝了。有道是：

欲品清茶却酒浓，
墨脱首憩醉诸公。
最怕端杯将畅饮，
蛋奶甜揉白堕中。

（以上诗歌来自科学网网友李颖业）

9

难忘布裙湖

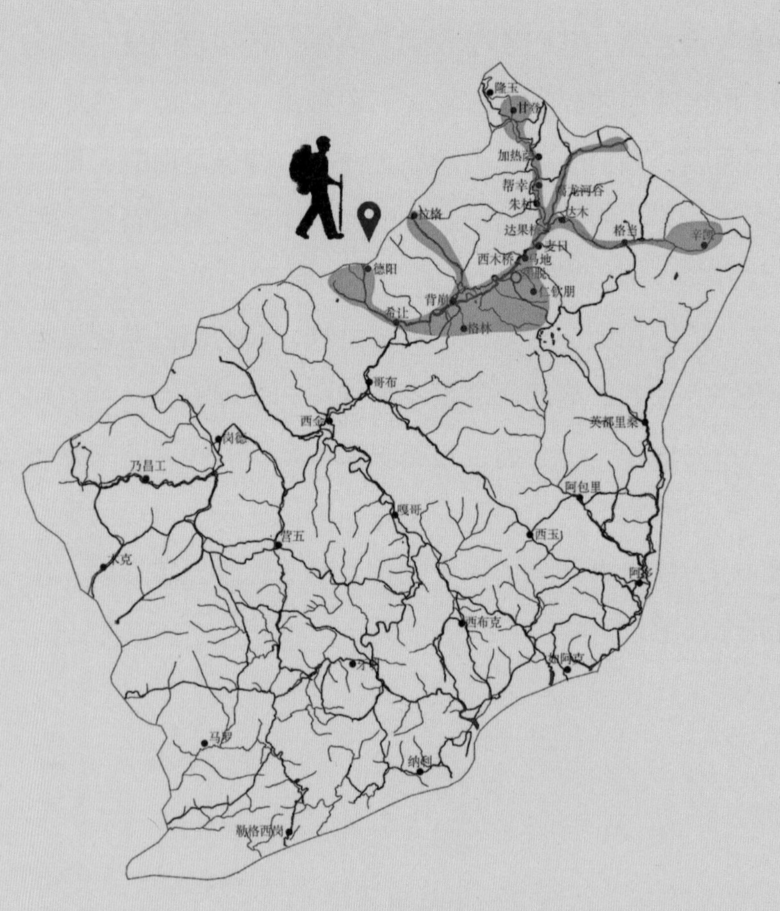
隆玉
加热萨
帮辛
达果桥
拉格
达木
格当
西木桥
马地
德阳
背崩
仁钦朋
希让
格林
哥布
西金
英都里桑
阿包里
乃昌工
营五
嘎哥
西玉
西布克
马罗
纳利
靳格西岗

这是一颗嵌在神奇的雅鲁藏布江大峡湾中的明珠。来西藏之前，我就听说过许多关于布裙湖的故事。这些故事给布裙湖披上一层神秘的面纱，让我心仪已久。

布裙湖是一个很小很小的湖，它位于西藏的墨脱县。你在西藏的地图上也找不到它。和西藏星罗棋布措措（措：藏语湖泊之意）动人魂魄相比，布裙湖实在是太不起眼，你在西藏的地图上根本找不到它。它远离人烟，就连当地的门巴族老人也很少涉足这里。这是一颗嵌在神奇的雅鲁藏布江大峡湾中的明珠。来西藏之前，我就听说过许多关于布裙湖的故事。这些故事给布裙湖披上一层神秘的面纱，让我心仪已久。在考察中，我有幸领略它的妩媚与恬静。

在完成背崩周边植物的考察之后，10月下旬，我们开始了布裙湖的考察。我们一行八人一大早就从墨脱县的背崩乡

出发。沿雅鲁藏布江边的一条小路向东行，没走多远，小路就消失在密林中。我们只能在向导的带领下在密林中穿行。许多时候，我们不得不一边开路，一边行走。下午时分，远处的树林渐渐稀疏，凉风徐徐，突然一泓清水呈现在眼前，布裙湖到了。

这是一个环抱在群山之中的小湖。湖面呈弓形，清蓝蓝的湖水在阳光照耀下闪闪发光，宛如一弓弯月落到了这碧绿的森林中，因此，布裙湖又被当地老乡称为月亮湖。林下积满了厚厚的腐质土，像是给森林盖上了一层松软的地毯。在林中每走

布裙湖，周边是完全原始状态的亚热带常绿阔叶林（孙航提供）

一步都是踏在未被接触的处女地上。地上尚有冒着热气的野猪粪便。林中古树缠满青藤，遮天蔽日，奇花异木比比皆是，许多是第一次为人所识。突然，在前面的向导叫起来——“蟒蛇”，大家驻足一看，原来是蟒蛇脱下的“衣裳”，花花绿绿的蛇皮足有四五米长。

布裙湖是国家级保护区，面积为580公顷。湖的四周满是密密麻麻的深林，是我看过最为完整、完全没有人为干扰的亚热带常绿阔叶林了。我国的林子要都是这个样子该多好呀！布裙湖保护区说是用来保护热带雨林景观、珍稀动植物和野生动物的。珍稀动植物和野生动物是不少，但是热带雨林景观并不典型。以专业的角度看，这是典型的亚热带常绿阔叶林，林冠整齐，群落结构分明。群落的建群种为刺栲（*Castanopsis hystrix*）和阿丁枫（*Altingia excelsa*），与之伴生有壳斗科的栲属、青冈属（*Cyclobalanopsis*）植物，黄杞（*Engelhardia spicata*）、滇桐（*Craigia yunnanensis*）、马蹄荷（*Exbucklandia populnea*），这些都是常见的亚热带森林的成分。我常说植物系统演化、生物地理和古植物学的实验

布裙湖周边亚热带常绿阔叶林的主要建群种刺栲

室在大自然，要经常到大自然这个实验室吸取养分、增长见识、开拓视野。墨脱考察之后，虽说我逐步转向了古植物学的研究，但是考察中获取的养分和增长的见识以及逐步建立起来的敬畏自然、尊重自然的生态观，一直受用至今。1995年，我到美国康奈尔大学进行合作研究，合作导师Crepet教授在新泽西晚白垩世地层中发现了大批的三维结构的果实种子化石，从中我一眼就认出了阿丁枫的头状果序化石，Crepet教授很高兴将这些化石交给我研究，结果发现这居然是这个属最早的化石记录。我们在云南中新世地层中陆陆续续发现了不少类似的植物化石（在属一级

我们在布裙湖的营地

布裙湖湖边的合影（左为笔者，中为孙航，右为俞宏渊）

上相似），这些发现为探索青藏高原形成和演变对生物多样性形成、演变的影响提供了重要的线索。

入夜，我们在湖边搭起了一个窝棚，升起一堆篝火，这才七嘴八舌地谈论起一天的收获，宁静的湖边平添了几分喧嚣。这时，树上的鼯鼠向我们提出强烈抗议，从树枝上摘下些果子砸向我们的火堆。山上的狗熊也吼叫了起来，还有其他一些动物也加入了抗议的行列，仿佛要赶走这群扰乱它们的不速之客。清晨，闹腾了一夜的主人们无可奈何地离去了，湖边更加宁静。远处的山和近处的森林都倒映在湖中，湖水显得更清了。几只野鸭子掠过湖面，泛起一片涟漪，湖水很快又恢复了平静。我没去过仙境，也不知陶渊明的世外桃源在何处，但我知道，这就是我梦中的世外桃源。清凌凌的湖水和绿色的大森林荡涤了心灵的污浊，人世间的烦恼通通遗忘在了湖边，心也像这湖水一般的静。

三天的考察稍纵即逝，我依依不舍地离开了布裙湖。转眼间28年过去，而布裙湖仍在我心中挥之不去。

布裙湖周边亚热带常绿阔叶林的主要建群种阿丁枫

布裙湖亚热带常绿阔叶林的伴生种马蹄荷

布裙湖亚热带常绿阔叶林的伴生种黄杞

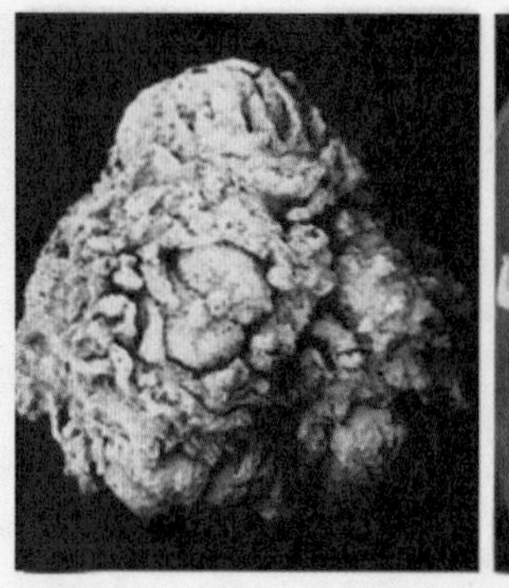
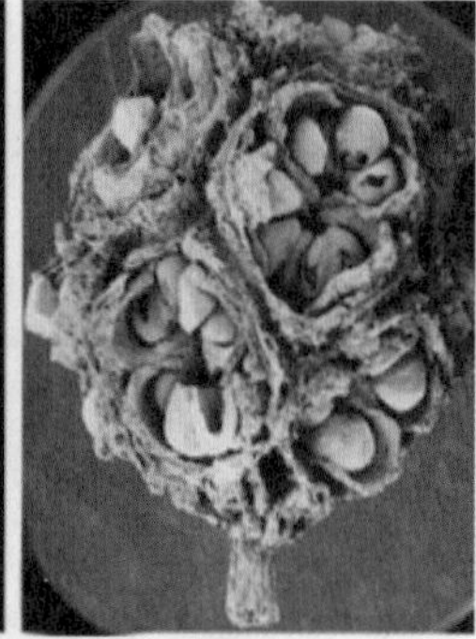
发现美国新泽西州晚白垩世的阿丁枫化石，是迄今为止最早的阿丁枫属的化石

发现于云南文山早渐新世地层的黄杞化石

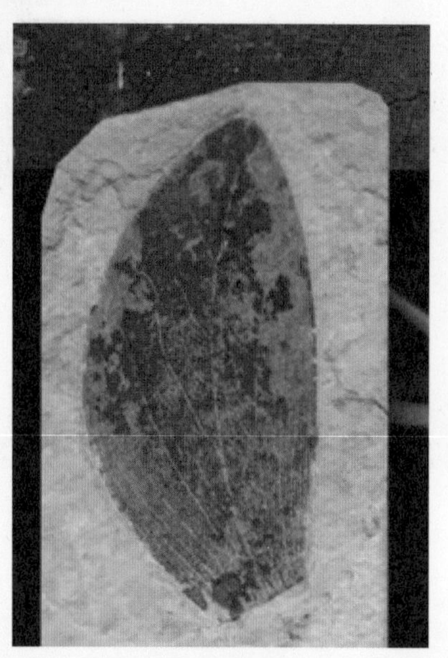
发现于云南文山早渐新世地层的马蹄荷化石

10

洗澡、老鼠、出恭和电报

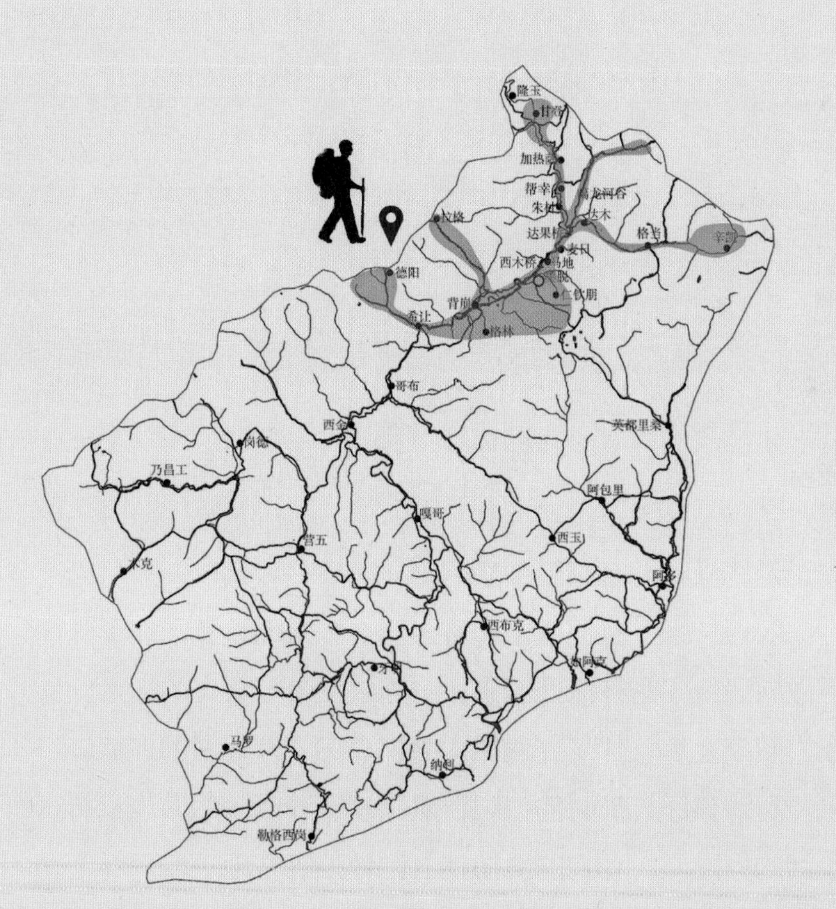

洗澡、老鼠、出恭和电报是四件毫不相干的事情，把它们扯到一起，是因为在墨脱的考察中，这几件事情都给我留下了深刻的印象。

洗澡

先说说洗澡吧。在墨脱考察的第一阶段，我们以背崩村为基地，向四周扩张。我们通常是带上一个星期的粮食，雇上几位老乡做向导就向密林深处而去，一周以后带着采集的标本回到背崩。回来之后，除了处理标本之外，另一件要做的事情就是洗去一身的臭汗。那时的墨脱自然是没有澡堂子的，也没有带卫生间的标准间，我们的洗浴就在驻地外的空地进行。穿上一个裤衩，打来井水，洗浴就开始了，奇怪的事情也就随之而来。我们一开始洗澡，全村的男女老少陆陆续续汇集了过来，围观我们洗澡，有一个小朋友甚至趴到地上往上看。连续几次考察回来的洗澡都是如此，搞得我们十分不解。我自认为我们三人这点小身板，腹部无八块肌肉，观赏性极差。而当地的妇女们十分开放，常常在水井边敞开洗浴，袒胸露背。有一次剑云去担水，遇到几位妇女在井边洗澡，吓得跌跌撞撞地跑了回来。奇怪的是，村子里妇女们的洗浴却无人围观。慢慢地，我们和老乡们熟悉了，有一次在考察回来的路上，想到洗澡又要被围观，忍不住问我们向导这是怎么回事。老乡这才告诉我们，当地的风俗习惯，男人是不能露胳膊和大腿的，而妇女们洗澡时敞胸露背是可以接受的。不经意间，我们竟干了“伤风败俗”的事情。于是乎，每次考察回来之后，无论多累，我们都乖乖地带上换洗衣服和洗浴工具，走上2～3千米的路程，到远离村寨的水沟去洗浴。

老鼠

我是研究古生物的，看惯了地球上各种生物的起起落落，形成了一个基本的观念，即地球上没有任何一个物种可以永久称霸世界。三叶虫和恐龙都曾经是地球的霸主，最终都逃不出被取代的命运。今天地球的霸主，不可一世的人类，也只是地球上的过客，最终要被其他生物取代。想一想，谁会取代人类成为地球上新的霸主呢？这是一个十分有趣的问题，我在百度上输入“谁会取代人类成为地球上新的霸主”，竟然出现46200个结果，答案五花八门，但是有三种生物比较集中，即老鼠、蟑螂和蚂蚁。在墨脱和鼠儿们长期的相处过程中，我就得出一个结论，老鼠终将会取代人类成为地球新的霸主，因为

他们适应能力强，繁殖快，另外还带着几分的聪明和狡诈。

墨脱的老鼠无处不在，人们和鼠儿们共同生活在一片蓝天下。刚到墨脱的时候，看到村寨外都有一排排的小房子，一开始我不理解这是做什么用的，问了老乡以后才知道，这是粮仓。墨脱老鼠太多，门巴族的房子又比较开放，家里也没有柜子之类的东西，如果把粮食放在家里，鼠儿们几乎能把一年的粮食吃光。不得已老乡们在村外修建了专门存放粮食的小房子。这种房子是悬空的，柱子与房子之间有一块圆形的石头。这样的设计除了隔湿、保持粮食的干燥以外，那块比柱子宽大的石头起到了隔离老鼠的作用，老鼠要顺着柱子爬进房子，就要仰面朝天沿着石头的背面爬过去，目前老鼠暂时不具备这个能力。粮仓有效地保护了老乡们的粮食。

而在房子里，鼠儿们就更是让你防不胜防。在背崩，我们借住在乡上的一间木板房里，这房子四面透风，各个房间之间用木板隔开。这样的房子简直就是鼠儿们的天下，它们在这样的房子里自由地往来、觅食、嬉戏打闹。那时的背崩晚上没有电，我们或是用蜡烛，或是用太阳能充电板的电灯照明。无论是哪一种，也只能为我们提供一两个小时的照明时间。我们的灯一熄，鼠儿们的聚会就开始了。鼠儿们的聚会分三个阶段，即觅食、嬉戏和喝水。第一阶段，鼠儿们在各个房间忙碌地穿梭，时而伴有咀嚼的声音，这个阶段大约持续1个多小时。第二阶段，咀嚼的声音没有了，取而代之的是嬉戏打斗的声音。第三个阶段是活动的尾声，忙碌了几个小时的鼠儿们，打算喝一点，然后聚会就结束了。这样的活动天天在我们的房间上演，我甚至能从鼠儿发出的声音感受到他们的喜怒哀乐。大部分时候，我们和鼠儿们是相安无事的。但是有时候，鼠儿

门巴族的粮仓

粮仓上的石板，预防老鼠进入粮仓

真的很过分。有一次孙航和剑云去县城发电报（后面要提到电报），我一个人在家，鼠儿们的聚会按时开始。聚会一开始，鼠儿们就敏锐地察觉到房间里只有我一个人，于是它们决定探测一下我的身体是否可以成为一顿大餐，几只胆大的鼠儿，居然跑到了我的脸上。我大大地吆喝了一声，随即打开了手电，才吓跑了鼠儿们。他们发现我还活着，也就放弃了把我作为大餐的想法。

在墨脱做饭是一件很费事的事情，我们通常是做一顿饭要吃两餐。刚到墨脱的时候，不知道鼠儿们是如此的猖獗，我们的剩菜剩饭不做任何防范地放在桌子上，结果鼠儿们就在我们的面前，享用了本该属于我们的剩菜剩饭。这给我们的工作带来了很大的麻烦，因为第二天我们通常是吃点剩饭就要匆匆赶路。虽然鼠儿们没有把我们的饭菜吃完，尽管墨脱物资非常匮乏，但是鼠儿们吃过的东西，我们也不想再吃了。这样，我们就不得不重新做饭，这要花上很多的时间，给工作带来了很大的影响。所以之后，我们吃完饭，就把剩菜剩饭收拾好，不让鼠儿们享用。我们水桶里的水是鼠儿们喝水的首选。在鼠儿们聚会第三个阶段的主要内容就是跑到我们的水桶里来喝水。在背崩水是不缺的，打水仅仅是花下点气力而已，本着与鼠为善的原则，桶里的水，它们喝了就喝了，我们一般不加干涉。有一天，我们三人突发奇想，想看看老鼠掉到水桶里的反应是什么，于是我们把水桶的水位调节到一个鼠儿们既够得着，又有一点风险的位置。入夜后，鼠儿们的聚会照旧上演，我们三人躺在床上，静等第三个阶段的到来。大约两个多小时后，果然有老鼠来喝水了。果不其然，扑通一声响，有一只老鼠掉到了水桶里。我们三人一阵激动，打开手电筒，照向水桶，看见一只老鼠在水桶中绝望地游着。尽管鼠儿的小眼睛透着哀求的目光，我们还是决定不帮它，谁让它动了我们的水呢。我们估量了一下水位，认为这只鼠儿不可能靠自己的力量离开水桶的，于是，我们三人回到床上梦周公去了。第二天，最早起床的剑云一声惊叫，吓醒了我们，原来水桶的老鼠死在了水桶外面。我们三人围绕老鼠如何离开水桶，展开了激烈的讨论，最终形成了两种假说：假说一，水桶里的老鼠不甘心在水里坐以待毙，奋力一跳离开了水桶，但是终因体力消耗过大，死在了桶外。这个假说肯定是得不到物理学理论支撑的。跳跃靠的是反作用力，老鼠在水桶里是没有反作用力可以借助的。假说二，鼠儿们组织了救助，具体的实施方案是一只老鼠爬在水桶的边缘，将尾巴伸给了水桶中的老鼠，然后水桶中的老鼠借着这个尾巴爬出水桶，爬出水桶后，也因体力不支，倒毙地上。这个假说也有许多说不通的地方。直到今天，我也没有想明白，水桶的老鼠是如何离开水桶的。

出恭

出恭这个事件，虽然天天都要进行，但登不了大雅之堂，所以很少有人来写它。我之所以要写这个事情，是因为出恭在墨脱也是一件困难的事。

在墨脱，人们崇敬自然，一切讲究原生态。除了背崩和墨脱外，村子里是没有厕所的。我们要出恭的时候都是在村外寻找一块僻静之处。顺便说一下，门巴族的肉食来源，原来是靠打猎，禁猎以后，也开始养猪。猪在小的时候也是放养，大了以后再圈养起来。每当我们往村外走的时候，都会有一群猪跟着，开始不解其意，很快就明白了猪儿们的企图。在墨脱每次出恭的时候，不仅要带上手纸，还得准备好土块，一边出恭，一边还得把猪赶走。

电报

现在最方便就是人们相互间的联系了，电话、邮件、QQ、微信能够满足人们通信联系的需要。而在20世纪，电报是远距离通信联系的主要方式。电报是个什么东西，对于80后、90后的朋友，我还得费一番口舌。电报是将文字转换为编码，然后用电信号的方式将编码发出去的一种技术。今天人们之间通信联系的手段已经十分发达，电报早已经淘汰了。

在之前的讲述中，我多次提到过墨脱十分偏远，人迹罕至。我不知道“穿越”这个词是什么时候出现的，但是用“穿越”来形容在墨脱的感觉十分恰当。有一次在考察途中，借宿地东村，晚上和老乡们一起喝酒，喝着喝着，老乡们就唱起了歌，歌声初起的时候，我以为我听错了，后来仔细确认发现自己没有错，老乡们是在歌唱敬爱的华主席，墙上华主席的标准像依稀可辨。那个时候可是1992年，党的领导人已经经历了几次换届选举。你听着歌唱华主席的歌声，看着墙上华主席的照片，仿佛是穿越到了七八十年代。

在墨脱要发电报也不那么容易，我们在背崩村要发电报，需要走上30多千米，到墨脱“县城”去发电报。把电文留给报务员后，又走回背崩，一个星期以后又走到墨脱去取家里和单位上的回复。在墨脱，我们就是以这样的方式保持着和单位及家人的联系。

11

德阳沟纪行

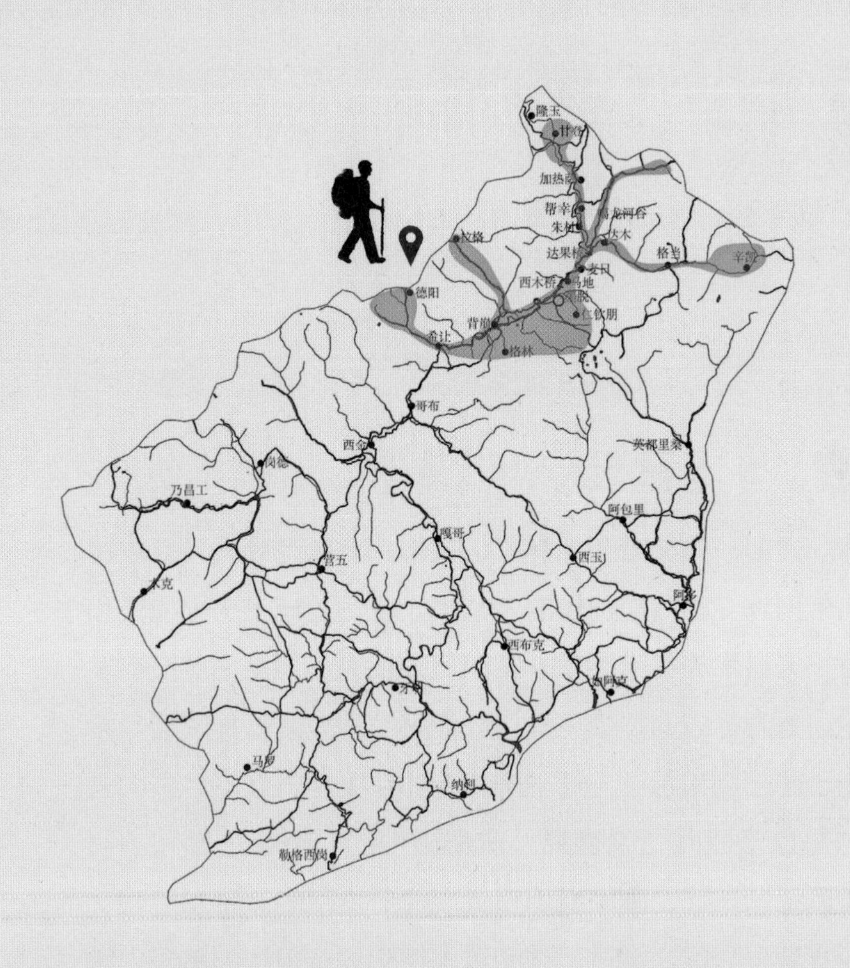

德阳沟和希让在哪里？您不用费力去想，这是位于西藏墨脱喜马拉雅群山中的一个小山坳和小村庄。

我们墨脱考察的一个重要任务就是要探明墨脱是否有热带雨林。之前一些文献和资料上记载墨脱有以龙脑香为标志树种的热带雨林。在背崩周边的考察中，我们发现了千果榄仁和斯里兰卡天料木等热带性质非常明显的植物，但是仍然没有发现以龙脑香为标志的热带雨林。我们把发现龙脑香林的最后希望放在了德阳沟和希让。德阳沟和希让在哪里？您不用费力去想，这是位于西藏墨脱喜马拉雅群山中的一个小山坳和小村庄。20世纪70年代，国家组织过大规模的青藏高原科学考察，虽然多支考察队跃跃欲试，试图进入德阳沟，但终因其时中印边境反击战的硝烟尚未完全散尽，进入十分困难。我们这次

雅鲁藏布江在希让村附近的拐弯

更巴拉山

来墨脱考察行前，吴征镒先生特意交代，中印关系已经恢复正常，希让及德阳沟是中国植物区系研究的最薄弱地区，命我们务必前往考察。

完成背崩周边的植被考察后，经过多方准备，我们开始了对希让和德阳沟的考察。从我们考察的大本营背崩村需要步行30多千米到达希让村，这是墨脱县我国实际控制线最西端的一个门巴族小村庄，全村仅有二十几户人家。从希让村沿雅鲁藏布江北岸继续往西七八千米，是一片江边的河漫滩。河漫滩前是更巴拉山，雅鲁藏布江在这里拐了一个弯，向南流去。雅鲁藏布江的这个拐弯和更巴拉山的山脊就成了我国实际控制线的标示，过了这个拐弯向南或向西翻越更巴拉山，就出了我国的实际控制线了。解放军会定期来更巴拉山进行边界巡逻。从更巴拉山沿一条汇入雅鲁藏布江的小河向北而上就是德阳沟。德阳沟还是一个自然保护区，里面动植物都非常丰富。

希让村附近的植被

到达希让村，我们住进了风格家。风格是退伍军人，原来就在墨脱当兵，现在是希让村的民兵队长。经

过简单的休整，风格带我们来到了更巴拉山下的一片宽阔的河漫滩上扎下营寨，一来作为德阳沟考察的出发营地，二来对河谷周边的植物进行考察和采集。这里人烟稀少，植被保存完好，不像村子周围都留下了刀耕火种的痕迹。一天早晨起来，一位老乡指着河滩上几个脚印说，这是老虎的脚印。我将信将疑，这里植被茂密、生态系统完好，真有老虎也是不奇怪的。这里的海拔不到600米，也是最有可能发现龙脑香的地方了。

我们对河谷岸边和更巴拉山的植物进行了考察和采集。在这里，无论是河滩上还是河谷里，行走都非常困难。在河滩上无路可走，都是从一块石头跳到另一块石头，早晨的石头湿漉漉的。只见风格从地上抓起一把沙子，不时把沙子撒到石头上，据说这样就不会打滑了。跳这样的石头，让我心惊胆战，因为每个石头都有1米多高，大石头下面全是小石头，一旦失足，后果不堪设想。在河谷里行走也好不到哪里，河谷边是陡壁，下面是坚硬的石板，河边是江水，无法通行，只能在陡壁上抓着藤子攀岩。在这里，我们发现了千果榄仁和马蛋果等热带植物。一天，我们远远就看到一块平地上有几株大树，树冠高出附近的林冠，树皮呈灰白色，看上去很像望天树。走近以后，用望远镜反复观察，仍然不能确定。这标本无论如何是要采的，先请风格用枪射击，他是传说中的神枪手，结果打了两枪没有打中树枝。子弹有限，不能再打了，怎么办？这树可是有40多米高呀。风格说，他爬上去，我将信将疑地看着他，只见他砍了一个藤子，将自己的手和脚挽了起来，双手抱着树干就爬了上去。等他采到标本扔给我们，才发现这不仅不是期望中的望天树，甚至不是典型的热带植物，而是蒙自桦。蒙自桦的模式标本采集自云南蒙自，在墨脱分布在海拔600～1 600米的地段，在这里长得特别高大而已。虽然采到的标本不是望天树，但是可以判断，墨脱在我国实际控制区内是没有龙脑香科植物分布的。墨脱还有三分之二的地区是在印度实际控制区内，那些地区的海拔都比希让要低，是可能有龙脑香科植物分布的。

希让村附近的雅鲁藏布江河谷

希让村的小朋友

德阳沟保护区标示

风格爬树采集标本

说到在更巴拉山的考察，我还要先讲一个小故事。在印度实际控制区一侧，也有一些村庄，站在山上能看到村庄和刀耕地。在1962年的对印自卫反击战以前，这些村庄和希让村有往来和通婚。在自卫反击战以后，为了管控冲突，当地群众被禁止进入更巴拉山。希让村的老乡知道我们要去更巴拉山考察，希望我们帮助向其亲戚传递消息。一开始我们不知道如何传递，老乡告诉我们，只要把写好的信放进瓶子里再放到山顶，那边的亲戚就会去山顶巡查，看到瓶子会带回去的。确定了送信的方式后，问题又来了，用什么言语写信呢？门巴族有自己的言语，文字多用藏语。门巴族老乡中，能写藏语的少之又少。用中文吧，两边的村庄已经相隔了20多年，对方可能早就不用中文了。于是我们给老乡说用英语吧，英语是印度的官方言语，有人能看懂，老乡们同意了。可是在墨脱能说汉语的门巴族老乡也不多，风格又充当了翻译，将老乡们的门巴话翻译成汉语，我们把话的意思写成英语。信息的内容不外乎是报平安，老乡们看到我们写好信并放到了瓶子里都非常高兴，仿佛信已经送达了一般。我心里明白，这些信能不能送到，能不能被其亲戚看到，只有天知道了。

完成希让雅鲁藏布江河谷和更巴拉山的采集后，我们就准备向德阳沟进发了。我们请来风格做向导，又聘请了十几位老乡帮我们背粮食和各种考察所需的工具和设备。出发之前，我们反复向风格核实道路的情况。风格告诉我们，从这个河漫滩到德阳沟有二三十千米的路程，有一条打猎的小路，但是自从中印边境争端以来，已经20多年没有人走过这条小路。风格专门请教村里的老人关于道路的情况，这些长者们确定道路没有问题。在墨脱，两条腿是唯一的交通工具。我们一天可以走

考察完成后与希让村老乡的合影

风格夫妇的合影

30多千米的路程，于是我们准备了6天的粮食，计划一路采标本带走路，30千米的路程计划走两天；进入德阳沟进行两天的考察之后用一天返回到出发的河漫滩，给自己留些余地，6天的粮食应该足够了。我们之所以对日程这么斤斤计较，是因为在墨脱大部分地区，人是唯一的“运输工具”，这个“运输工具”除了搬运货物以外，也要消耗所搬运的货物。增加一个人其实并没有增加多少有效的荷载量，因此每次考察前都要精心计算。

一切准备就绪以后，我们出发了。风格在前面带路，队伍“浩浩荡荡”。没有走出多远，队伍的行进越来越慢，最后几乎陷入了停顿。一打听才知道，传说中的猎人小道，由于长期没有了猎人的行走，已经在茫茫的密林中消失得无影无踪。风格不得不凭着经验和他那说不清道不明的方向感，以及他那把万能门巴族砍刀，一边摸索，一边砍树开道、遇水架桥。天渐渐地黑了，树林越来越密，断断续续我们已经走了一天了，这个时候大家粒米未进，我们不得不停下来，做饭露营。要在野外露营，有两个最基本的条件，一是有水源，能够生火做饭；二是要一块平地能够躺倒睡觉。我们很快认识到在这片陡峭的密林中，要满足这两个条件，简直就是一种奢望，于是放弃了第二个条件。队伍终于在天已经黑下来的时候，来到了一条小水沟边，我们决定在这里生火做饭。胡乱吃了一点东西后，各人寻找一棵大树作为依托，在密林度过了进入德阳沟的第一个夜晚。第二天，队伍继续缓慢前行。第三天的中午，人们终于到达了传说中的德阳沟！德阳沟是喜马拉雅群山中的一个小山坳，冲积扇形成了一块相对平坦的草地，周边林海茫茫。海拔低处分布着常绿阔叶林，在阔叶林上面是针叶林，针叶林以上就是高山灌丛了。这里完全没有经过人类的干扰，也没有植物学家来过，未知的世界等着我们去探索，一路的艰辛一扫而光。

高兴劲刚过，就传来一个坏消息。由于进入德阳沟的时间，比预计的晚了两天，加上在黑灯瞎火的地方做饭，又浪费了不少粮食，剩下的粮食勉强够我们吃两天。这就意味着我们如果在德阳沟继续考察的话，粮食就不够维持到队伍走出德阳沟。怎么办？难道费尽“洪荒之力”才进入的德阳沟，就要这么放弃吗？和风格商量以后，我们做了一个痛苦的决定——打猎解决食物短缺的困境。这片无人干扰的密林简直就是动物的天堂，各种野生动物随处可见。门巴族都是天生的猎人，他们独自进山就很少带粮食，都是就地取材。做出打猎的决定后，风格带着几位门巴族老乡钻进了密林中。两个小时后，我们听到两声枪响，一个小时后，风格和门巴族老乡扛着猎物回来了。靠着这个猎物，我们完成了德阳沟的考察。

从我们进入德阳沟的时候，雨就断断续续下个不停。在周边采标本还好。要冒雨返回，却是比较大的考验。但是我们已经断粮了，不能等到雨停了再走，必须冒雨返回。下雨给蚂蟥们打了一针兴奋剂，它们精神抖擞地从各个角落钻了出来，采取各种方式向我们袭来。有的从树上自由落体直接到我们的脖子和背上；更多的沿着我们的脚钻进衣服到达身体表面。我们一路行走，一路和蚂蟥们进行着一场斗智斗勇的斗争。蚂蟥们执着而刚强，赶走了张三，来了李四，李四未走，王五又来了，一个个吸饱了血悄然离去。下雨像是给泥泞的路抹上了一层油。回来的路，一路下坡。赶上这雨天，泥泞的道路寸步难行。我一不小心，摔了一跤，起来一看，左手无名指的第二个关节和手指变成了90° 的角度。吓得我大叫：“孙航，你来看，我手怎么啦！”孙航看了看，也无计可施。于是我咬了咬牙，把手指往回扳了一下，手指居然回位了。虽然仍有疼痛，但好过抬着弯曲的90° 手指行走。

经过7天艰辛的工作，德阳沟的考察完成了，我们回到了希让村。坐在温暖的屋子里，听着雨水落到铁片屋顶上的声音，喝着门巴酒，让我觉得幸福其实很简单。

12 墨脱的路和桥

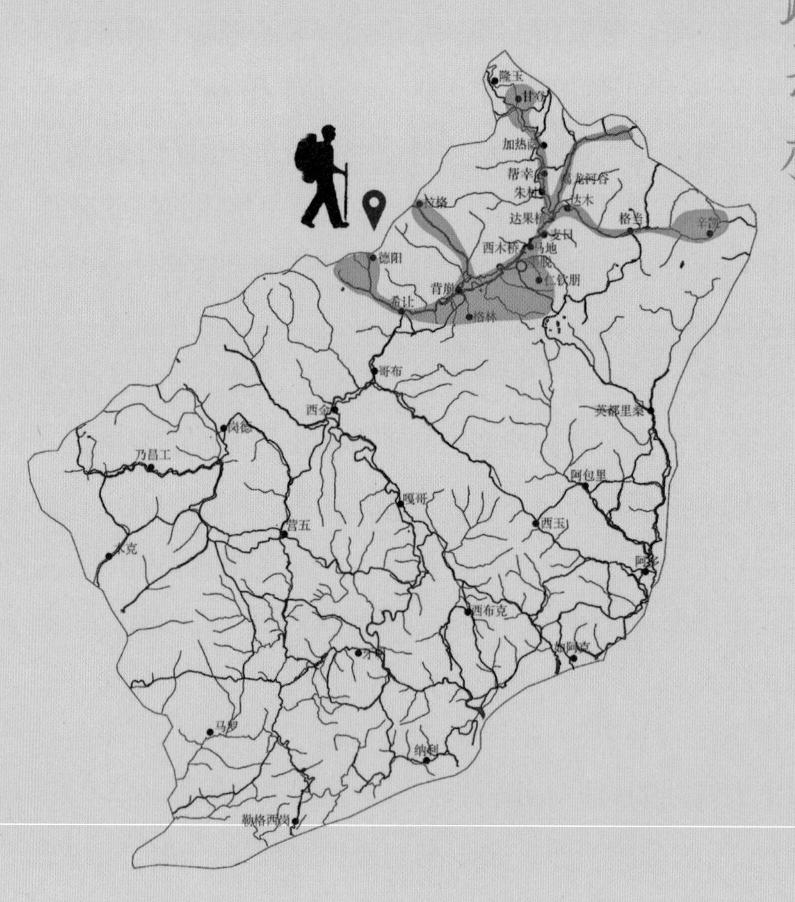

在墨脱，我走过的最惊心动魄的路，是从希让村附近雅鲁藏布江河漫滩到更巴拉山脚的这一段1千米多长的“路”，我甚至不知道能不能称之为路。

在墨脱，除了从派区到背崩有少数马匹可以托运货物以外，在大部分地区，脚是唯一可以依赖的交通工具。墨脱河流沟壑众多，我们过了不少的桥。在9个月的考察中，我们总的行程2 500千米，墨脱的路和桥给我留下深刻的印象。

在墨脱，从派区到背崩，以及从各乡镇到墨脱乡（墨脱县政府的所在地）的路，大多是30厘米宽的步行道。这样的路在墨脱简直就是“康庄大道”了。墨脱的路最大特点是路面不平，乱石林立，行走起来非常困难。从乡通往村里的路大多是密林中仅一人能通行的小路，没有当地老乡的带领，在这样的路上行走，很容易永远消失在密林中。从村子到山林很多地方完全是没有路的。就像我在德阳沟纪行描写的那样，要靠老乡一边砍树斩草，一边行走。就像鲁迅说的，路是人走出来的。墨脱本无路，我们走了，就是路了。我们的政府有一个“村村通”的目标，就是要让国家的每个行政村通路、通电、通电话、通电视。最近参加云南省的人民代表大会，知道“村村通”有了升级版，每个行政村不仅要通路，而且是硬化的路，还有4G网络，不知道“村村通”在墨脱现在实现得怎么样了。

在墨脱，我走过的最惊心动魄的路，是从希让村附近雅鲁藏布江河漫滩到更巴拉山脚的这一段1千米多长的“路”，我甚至不知道能不能称之为路。

言归正传，从我们雅鲁藏布江边的营地到德阳沟的山脚下，要经过一片河漫滩。河漫滩上布满了大大小小的石头，多数石头有一人多高，你在河漫滩上走，看不清方向，走着走着，突然会遇到一块巨大的石头，把前进的道路完全堵死，让你不得不原路返回，重新选择一个方向再走，再遇巨石再返回，犹如进入了迷宫一般。站在这些石头上能够看清楚方向，通过这片河漫滩，从石头跳行是最有效的。跳行的间距一般为1米左右，从高处往低处跳容易，反过来就十分困难。在跳行前要选择好路线，一旦路线错了，是没有回头路可走的。早晨的江边湿漉漉的，石头上十分湿滑，如果在石头上滑倒后果不堪设想。我们的向导风格从河漫滩上捧了一些沙子放在身上，就带着我们往前跳，遇到他感觉容易打滑的石头，就往上面撒一些沙子增加摩擦力。就这样，队伍从河漫滩上的石头上蹦蹦跳跳地来到更巴拉山脚下，1千米的路程，我们花了1个多小时的时间。早晨的江边十分的凉爽，从最后一块石头上落地的时候，我却出了一身的冷汗。

过了河漫滩，有一条10多米宽的小河横在路前。这条小河叫尼工河，从德阳沟流出汇入雅鲁藏布江。在墨脱，这样的河沟特别多，河上的桥常常是就地取材，林中的树砍倒了，横在河沟的两边就成了桥。在尼工河上的桥，差不多就和平衡木一般宽，上面长满了青苔，十分湿滑。河不是太宽，水也不是太深，掉到河里不至于有生命危险，但是身上照相机肯定就用不成了。我把身上的照相机交给了风格，战战兢兢地过了这座小桥。这样的桥在墨脱星罗棋布，数不胜数，我们几乎天天都要过上几回。

雅鲁藏布江大峡谷在墨脱境内山体陡峭，江面变窄，两岸间200～300米宽，水流湍急。墨脱的村庄零零散散地分布在雅鲁藏布江的两岸，桥是必不可少的，但是架在雅鲁藏布江上的桥却屈指可数，最大的当属解放大桥了。这是一座钢索的吊桥，宽1.5米，马能通行。解放大桥扼守从派区到墨脱之咽喉要道，这座桥断了，进入墨脱的交通就完全断了。以今天的技术要在雅鲁藏布江架一座钢索吊桥并非难事，但是在不通公路、就连路都不好走的墨脱，不用说架桥，就是将几百米的钢绳靠人力运进墨脱恐怕就要用尽移山倒海之力。站在解放大桥边，我不由遐想，一根钢索有成吨之重，如何靠人力运进墨脱的？如果一个民工能负重60千克，一个钢索至少要需要几十个民工。这会是一种什么景象？几十人一起抬着长长的钢索，喊着号子在崎岖不平的山路上缓缓而行。到了江边，这个钢索又如何送到对岸的呢？我问过不少人，没有得到确切的答案。门巴族老乡说是先用弓箭带着细线射向对岸，又一步步地将细线换成粗线，最后将钢索拉到对岸的。在20世纪七八十年代要建造这么一座钢索吊桥，无疑是一个浩大的工程。

解放大桥（1992年拍摄）

解放大桥（2021年拍摄）

搭建钢索吊桥之费力，就催生了雅鲁藏布江上的另一类桥——藤网桥。这大概是我见过的颇有创意、最具特色、恐怕现在已经消失的桥了。这是用棕榈科省藤属植物编织而成的桥。省藤是棕榈科的藤本植物，藤蔓的长度可达100米以上。省藤的纤维非常好，有一定的柔性，便于编织同时又保留了足够的硬度。三国时代，孟获的强援乌戈国国主兀突骨麾下兵士身着的盔甲，就是用省藤编织而成，故称藤甲兵。藤甲兵刀枪不入，一度让足智多谋的诸葛亮束手无策，不得不祭出火烧之下策。孔明虽获得胜利却垂泪叹息曰："吾有功于社稷，必损寿矣。"从此留下了心理阴影。省藤是一种经济价值极高的植物，热带常用的藤质家具就是用省藤属植物编织的。墨脱有四种省藤属植物，分别是刺苞省藤（*Calamus acanthospathus*）、墨脱省藤（*C. feanus* var. *medogensis*）、长鞭省藤（*C. flagellum*）和多花省藤（*C. floribundus*），大多分布在海拔1000米左右的密林中。藤网桥左右各有一条手指粗的钢绳和下面左右两边的两根粗藤，这些形成了桥的框架。藤子围绕这个框架编织成一个大大的半圆，每隔七八米，粗藤编织成圆圈，其中的力学的道理我不明白，猜想是减力和承重吧。桥面用细藤编织而成，仅30～40厘米宽，仅够一人迈着"猫步"向前。我们见到的这座藤网桥有200～300米长，走到桥的中央，人和桥一起摇摆飘荡，有几分坐秋千的感觉。峡谷高温多湿，桥上的藤子不免腐蚀损坏，隔几年就要换一次。新换了藤子的桥安全性很好，但也有过人从藤网桥掉入江中的记录。建这么一座藤网桥要花费大量的省藤，由于资源消耗太大，省藤枯竭，藤网桥恐怕也不复存在了，听最近从墨脱回来的同行说，藤网桥还在，但是已经不再使用了，主要供人参观。

藤网桥远眺与近观

藤网桥现状（孙航提供）

过溜索前的准备

墨脱的溜索

笔者正在过溜索

两人过溜索

如果说桥的概念是“一种架空的人造通道”的话，那么我下面说的溜索也应该称之为桥。一根钢索飞架在江的两岸便成了桥，要过江就得从这条手指粗的钢索上爬过去。云南境内怒江上也有溜索，但是怒江上的溜索是单行线，即来、去的溜索是两条索。这种溜索在建造时，充分利用了高差的原理并且使用了滑轮，过江仅要几分钟的时间，有人还能带着家具及买的牲畜过江。政府为了方便老百姓出行，逐步在怒江上建起了钢索吊桥，怒江上的溜索已经成为当地旅游的保留项目了。雅鲁藏布江上的溜索是双行线，就一根绳，来去都得用它。溜索形成了一个弧形，无论来和去，一开始过溜索的时候都要下一小

省藤

省藤的长藤

段的坡，接下来就得爬坡了。过这样的溜索，需要用一个马鞍形的木架子套在溜索上，然后过溜索的人仰面朝天，腰系在马鞍形的架子上，脚绻在钢绳上，靠手的力量一把一把地爬过溜索。我第一次过这种溜索的时候，足足花了半个小时的时间，手无缚鸡之力的我，要靠臂力把自己拉过江去，是一个不小的挑战。这样的“桥”在雅鲁藏布江上最为普通，我们前前后后就过了6次。

13

墨脱的妇女们

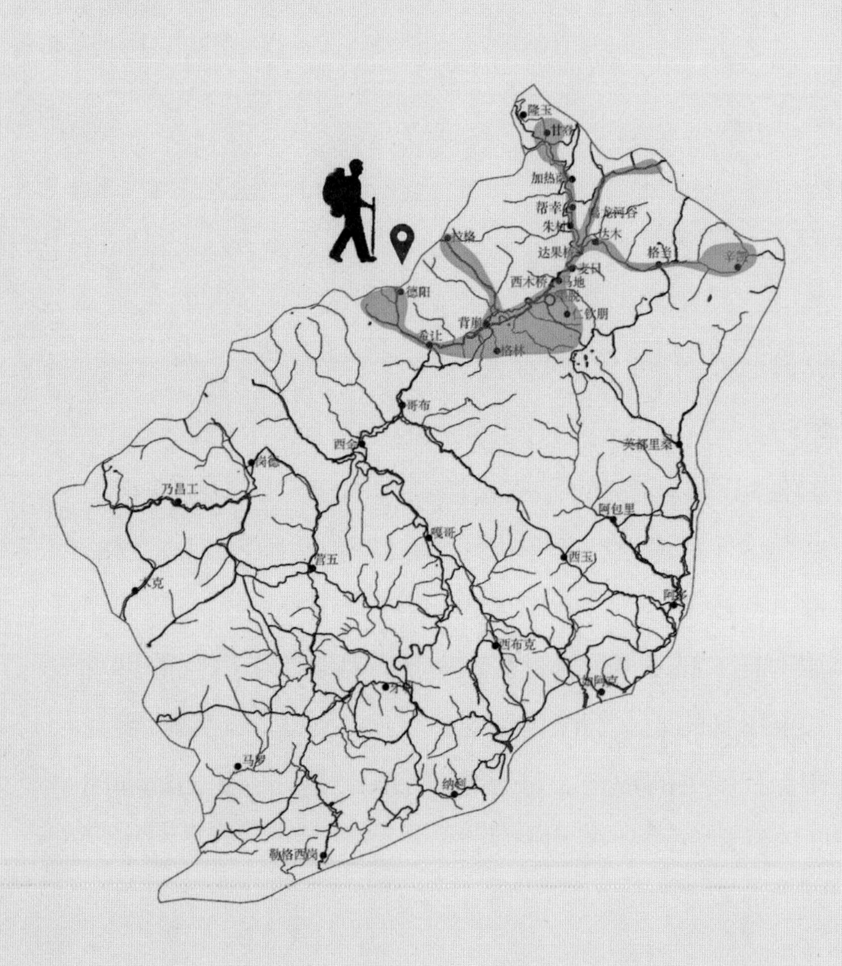
隆玉
加热萨
帮辛
朱村
达果桥
达木
格当
麦日
西木桥
马地
德阳
背崩
仁钦朋
格林
哥布
西金
英都里桑
岗德
乃昌工
阿包里
西玉
西布克
马罗
纳利
勒格西岗

劳作了一天的男人们，回到家里便席地而坐，而同样劳作了一天的女人们却忙着生火烧水，给男人们准备喝的酒。酒准备好了，又伺候着男人们一个个地喝酒。

中国有句家喻户晓的毛主席语录，叫作“妇女能顶半边天”，据说这句话最近在美国也红了。这句话用在墨脱妇女的身上那是再合适不过了，她们顶起的岂止半边天呀。在我们民工队伍里有妇女的身影，我这本小册子中记述了墨脱的种种艰辛，如果墨脱的妇女们能读到这些文字，她们一定会嘲笑我矫揉造作。我眼中的艰辛，对于她们来说就是司空见惯的浑闲事。在此，我愿意回忆一下她们。

大峡湾深处的珞巴族妇女

赶路的珞巴族妇女

甘登乡的孩子们

母女俩

风格的媳妇

风格媳妇是一位相貌姣好的门巴族妇女，我虽然已经记不起她的名字，但却在博文中，几次提到她，而且还展示过他们夫妇的照片。我认识她的时候，她不过二十七八岁，却已经是五个孩子的母亲了。她的丈夫风格是希让村的民兵队长，希让村可以算是我国最偏远的一个小村庄了。风格这个民兵队长有职有权，还配发有一支冲锋枪。解放军巡查实际控制线，要靠风格带路。我们在希让一带的德阳沟和更巴拉山考察，也离不开风格，风格里里外外十分繁忙，家里的大事小情全靠他媳妇张罗。德阳沟考察前，我们住进了她的家里。每天我们要睡觉的时候，她还在忙碌，我们起床的时候，她已经开始了一天的劳作，仿佛她一直在忙碌着。劳作了一天的男人们，回到家里便席地而坐，而同样劳作了一天的女人们却忙着生火烧水，给男人们准备喝的酒。酒准备好了，又伺候着男人们一个个地喝酒。喝醉的男人们常常席地而睡，她却要忙着照顾孩子和收拾家里。在墨脱，我最佩服的人当数风格，在我的眼里，他无所不能，在茫茫林海中辨别方向，爬到四五十米高树上帮助我们采集标本，过溜索如履平地一般，他对植物的辨识能力可以达到属级水平，和我的差别仅在于我知道植物的拉丁名，他知道植物的门巴名，而且他认识的植物甚至比我还多。就是这个无所不能的家伙，如果没有了老婆，我不知道他的日子该怎么过。风格的媳妇只是一个普普通通的门巴族妇女，许多门巴族家里都有一个这样的家庭主妇，她们用辛劳支撑着自己的家庭。

生产的门巴族女干部

在讲这个故事之前，我先交代一下我们在背崩村的住处。背崩乡政府设在背崩村，乡上东西南北各有四排房子，作为乡干部的办公地点兼住所，我们考察入驻背崩村的时候，乡上借了我们一间房子作住所。这些房子都是用木材搭成，隔壁讲话能够听得清清楚楚。住在我们隔壁的是一对小夫妇，两口子都是乡上的干部，妻子已经身怀六甲，挺着好大的肚子。那个时候，乡上的干部一切都要靠自己，上山打柴、养猪、种菜，什么都干。我经常看隔壁这对小夫妻上山打柴火。身怀六甲的妻子背的柴火一点也不比丈夫少。有一日晚上，我们躺下不久，就听到隔壁不断有哼哼唧唧的声音传出，还听到有人走出走进，吵吵闹闹的声音一直持续到后半夜才消停。第二天早晨起来的时候，我简直不敢相信自己的眼睛，隔壁的小媳妇，抱着一个婴儿在晒太阳。这时我才明白，昨天晚上一个新的生命在我们隔壁诞生了。这时我又纳闷了：只有汉族妇女才坐月子吗?

峡湾深处的女人们

雅鲁藏布江在墨脱拐了一道弯向西奔向印度洋，大峡湾深处有墨脱的帮辛、加热萨和甘登等几个乡。从墨脱县到最远的甘登乡要走四五天的路程。在这里，我遇到一群善良、乐观和爱美的门巴族和珞巴族妇女。3月份的墨脱几乎天天都在下雨，这个时节桃花正开，当地称为“桃花雨”，据说这雨一直要下到桃花谢。我们就是在这个时候开始对墨脱大峡湾最深处考察的。一天，我们在大雨滂沱中赶路，远远地就看见一位妇女冒雨站在自己家门口。等我们走近的时候，这位妇女连连叫唤，由于言语不通，不知道她在讲什么，但从她的比画中明白她是请我们到她家里去。进她的家中后，她为我们生起了火，烤我们已经完全湿透了的衣服，又拿出糌粑请我们吃。尽管看着她又扫地又生火的手就直接揉起了糌粑，我有几分的忐忑，但是我还是愉快地吃完了她送给我的所有糌粑。后来同行的向导告诉我们，这位珞巴族妇女知道我们是“考察队”的，看我们在雨中赶路辛苦了，请我们到她家里休息避雨。我们通过翻译和这位妇女进行了交谈，她知道我们返回的日期后，特意嘱咐我们的向导，让我们回来的时候一定要再到她家休息。在回来的时候，我们又去了她的家，这一次看得出来，她特意打扫了屋子，还换了干净的衣服。对于她的善良和好客，我们无以回报，在走的时候想留下一点钱表示一下我们心意，但是她十分坚决地拒绝了。我在《墨脱的路和桥》中提到，墨脱的路难走，许多地方路上乱石林立，我穿着鞋都感觉十分困难。考察中在加热萨乡附近遇到三位也在赶路的妇女，我看到其中两位年轻的妇女居然是打着赤脚，一问才知她们是怕自己的鞋在泥泞的路上弄脏了，而把鞋脱了下来，说是要等到家以后再穿上。在驻地，当地乡亲看到我们带着照相机，纷纷让我们给她们照相。由于带去的胶卷有限，我一般不敢轻易答应她们的要求，另外我们也不知道她们是否能看到这些照片。一天，我答应了几位珞巴族妇女照相的请求，同意给她们照一张合影。我答应后，她们让我等一下，当这几位妇女再出现的时候，都换上了节日的盛装，照片中妇女们都笑得那么开心和灿烂。

长眠于墨脱的女兵

以下这个故事是从报纸上看来的。由于压制标本要用报纸，我们带去了大量的旧报纸。没事的时候，我爱翻看这些旧报纸。一篇刊登在《西藏日报》上题目为《青草地，女兵魂》的散文，我至今还记得一清二楚。这篇文章说：在山坡上有两个不很明显的小土堆，这是两位年轻女兵的坟墓。这两位女兵和男兵们一样，翻越了风雪肆虐的多雄拉山，和男兵们一起驻守在祖国的边界。她们决心把歌声带到墨脱的每一个军营和哨所，她们几乎要做到了，却染上了疟疾，医治无效，牺牲在了墨脱，军营边上就留下了两座女兵坟。

后记：墨脱考察完毕回到昆明后，我们洗了一套帮墨脱乡亲们照的照片，托人带到了墨脱，希望乡亲们能看到这些照片。未经许可使用别人的肖像似有不妥，照片中的乡亲们请原谅我。

14

病了咋办

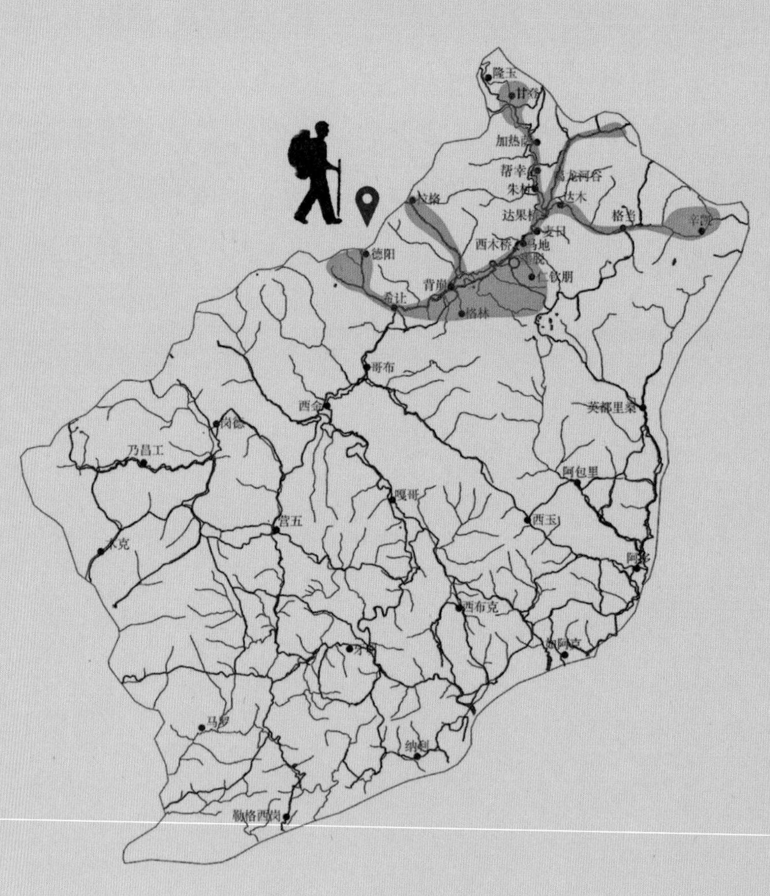

隆玉
帮辛
达木
格当
德阳
西木桥
马地
仁钦朋
背崩
希让
格林
哥布
西金
英都里桑
乃昌工
阿包里
嘎哥
西玉
营五
西布克
马罗
纳利

部队现在只有他一个卫生员，他一个人是不能做手术的，看到我“准确”诊断了女老师的阑尾炎，问我能不能给他打个下手，递递刀刀叉叉什么的。

墨脱在2013年10月通车以前，一年之中有大半年大雪封山，不与外界相通，而“岛内”之路也是条条道路都难于上青天。道路不通，病了咋办？先容我讲一个故事。之前介绍过我们在背崩的住所，在我们所居住的院子中还住着一些乡上的干部和小学老师。其中一位藏族夫妇平时对我们非常友好，经常给我们一些蔬菜。一天这位藏族女老师肚子疼得难以忍受，她的丈夫找到了我们。这位女老师的丈夫之所以找我们，是因为考察队（在墨脱时，当地老乡和干部统一称我们为考察队）在老乡们的心目中，是有知识有文化的人。另外一个原因也是根本的原因，是乡上没有医院，仅有一位卫生员，卫生员有一些简单的药品。那天卫生员恰巧不在。我虽然不是医生，但是还是大着胆子去了女老师家。我想我虽然不能治病，但是总还是能够做一根给人希望的“救命稻草”吧。到了女老师家，我问了问症状，感觉像阑尾炎。我在读研究生时得过阑尾炎，对阑尾炎的症状略知一二，对阑尾炎的后果也知道得非常清楚。我对女老师说，阑尾炎的可能性最大，但要排除消化系统和妇科疾病，建议女老师喝点热水休息休息等等再看。过了两三小时，女老师的丈夫又来找我们了，他说女老师的疼痛更严重了。我们再次来到女老师家的时候，女老师非常痛苦地躺在床上，这时阑尾炎的症状已经非常明显了。我对女老师的丈夫说，他妻子肯定是阑尾炎，建议他去部队找卫生员来看一看，背崩乡距解放军的营部有2千米左右的路程，我猜想部队上肯定是有卫生员、有药的。我之所以这么肯定地说是阑尾炎，是想把事情说得严重一些，希望部队上的卫生员能及时赶来看看。一个小时后，部队上的卫生员来到了女老师家里，经过简单地诊断后，卫生员同意了我的判断并说要尽快手术，否则后果很严重。他接着说，部队现在只有他一个卫生员，他一个人是不能做手术的，看到我“准确”诊断了女老师的阑尾炎，问我能不能给他打个下手，递递刀刀叉叉什么的。这一下真吓到我了，我赶快告诉卫生员，我没有学过医，不过是一根“稻草”而已，来真的，肯定不行。卫生员说，那就只有打点青霉素试试，吉人自有天相。针打过后，我们都离开了女老师家。一个晚上我都忐忑不安，睡不踏实，一大早就起来在“院子”里转悠，想知道夜里发生了什么。一会儿看到女老师的丈夫出现了，我赶快问女老师怎么样了，她丈夫告诉我，疼痛已经减轻了，这下我心里长长地松了一口气。几天后看到女老师出门了，她战胜了阑尾炎。我给女老师说，赶快到县上把阑尾手术做了吧，下次再发作就没有这么幸运了。女老师真的听从了我们的建议，去县城做了手术。在一次考察途中，我看到了徒步前往县城做手术的女老师。

您该知道墨脱看病有多难了吧？墨脱在我国实际控制区的面积是1万平方千米，人口仅有八九千人，县城在墨脱村，下设8个乡，县城到各个乡的距离一般都在30千米以上。从县城到最远的甘登乡徒步要走7天。县上有医院，各个乡仅有一个卫生员。您说在这种地方得了病，您有几个选项？您不用费力想是吃药还是去医院，在墨脱得了病就只能自己扛着。

环境造就人，环境锻炼人。我们在墨脱学会了自己给自己治病，学会了省着吃药。那个时候，每天走上30多千米是家常便饭，现在看到朋友圈晒走路，我心里就有几分优越感，心想兄弟我在墨脱的时候，天天30千米，那个时候兴搞这个，我岂不是天天排第一名。由于长时间、高强度地行走，膝关节出了问题，我的左腿只能稍稍弯曲，上大号都得摆一个特殊的姿势，直着一条腿。回昆明后，去看医生，医生第一句就问我多大年纪了。问这个？那时我就30多一点（其实已经37了）。我对医生说："您说吧什么事，我扛得住。"他告诉我是软骨退化，我问他有没有办法恢复，医生不置可否。治了一阵也不见效果，我干脆不管它。不知什么时候，关节不疼了，腿也能够弯过来了。看来路走得少了，关节得到了休息，自然就好了。可在墨脱的时候，拖着一条残腿你还得走呀，你既不能休息，也没有药治。孙航在中学学过中医，懂医术，会打针，会针灸，他建议试试针灸。我和俞宏渊（他的关节也在疼）选择相信他。到了驻地，孙航就给我们扎银针。扎过以后，我们都觉得关节“明显好转”。在前往德阳沟考察的途中，我们住宿地东村，村长的母亲病卧在床，听说考察队来了，村长一定要让我们给他母亲看看病。我们看了看老人有点发热，由于言语不通，也问不出更多的症状，孙航就给老人打了一针柴胡。当我们从德阳沟返回到地东村的时候，村长告诉我们，孙航给老人打过针以后，老人的病好转了很多，非要让孙航给老人再打一针。我在墨脱的时候有严重的胃溃疡，其实这个也是老毛病了。在昆明时，我的胃就经常疼，但是只要我注意饮食，疼痛就会好很多。可是在墨脱，我们通常是一天两餐。为了保证足够的体力走完一天的路程，早晨起来得饱餐一顿，第二餐要等到晚上九十点。就这么撑一顿，饥一顿，对胃危害极大。在墨脱9个月的时间里，我的胃一直都是隐隐作痛的。我知道自己有胃病，去墨脱的时候也带了胃药，但是胃病比我想象的严重，只能把胃药留在有重大行动的时候才吃，以保证能够有体力赶到目的地。

墨脱的考察已经是28年前的事情了，2013年10月墨脱已经通车了，孤岛不再。最近看到同事在墨脱拍的照片，墨脱已经大变样了，墨脱县城已经有小城镇的模样了。我相信墨脱的看病难问题，一定有了很大改善，衷心祝愿墨脱的乡亲们免受疾病之苦。

15

转战墨脱

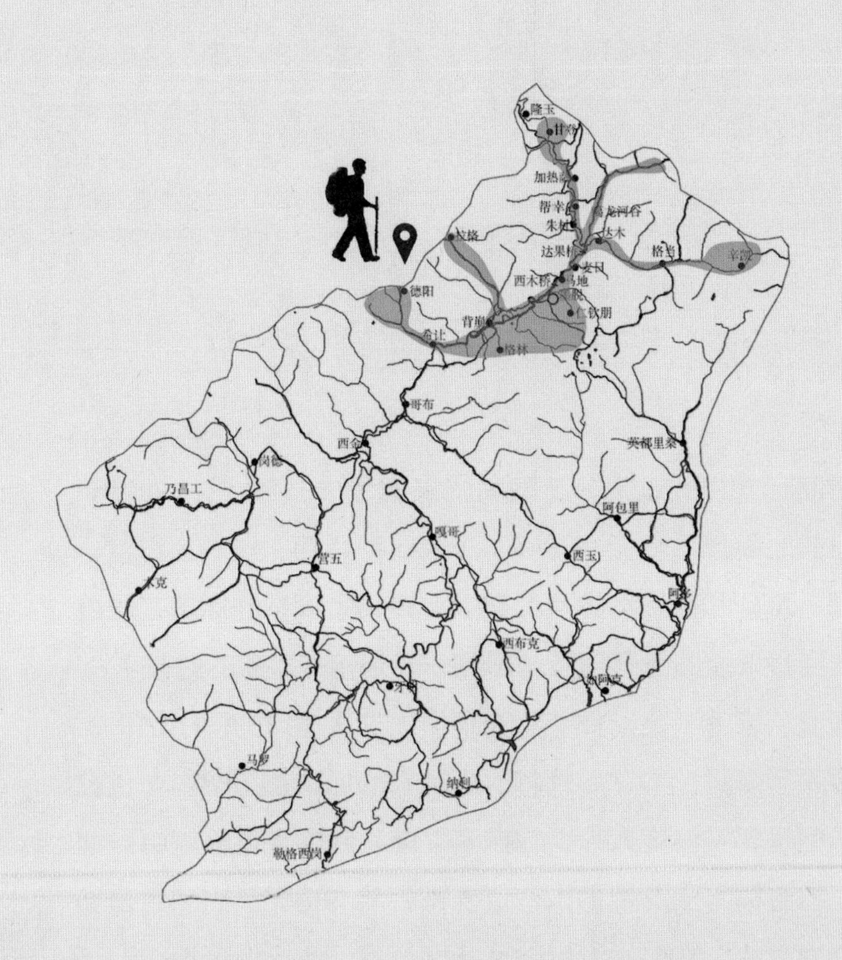

我们在拿格、汗密、得儿功、江兴、得果、布裙湖、希让和德阳沟等地的考察中，采集了大量的标本，雅鲁藏布江河谷下游的考察任务基本完成，是转战墨脱的时候了。

时间犹如白驹过隙，转眼间就来到了1993年。在1992年3个多月的时间里，我们在拿格、汗密、得儿功、江兴、得果、布裙湖、希让和德阳沟等地考察中，采集了大量的标本，雅鲁藏布江河谷下游的考察任务基本完成，是转战墨脱的时候了。

搬家从来就不是一件容易的事情，这次搬家的重中之重，就是要妥善搬运标本。尽管每次压制好的标本都用塑料布包裹好了，但是墨脱湿度太大，在搬家之前，我们还是检查每一捆标本，担心标本回潮生霉，一旦生霉将前功尽弃。出门总是那么地缓慢，尽管我们一大早就准备好行囊，吃好了早饭，但是背行囊的老乡却迟迟没有出现，直到早晨10：30，队伍才离开

墨脱村

背崩。从背崩到墨脱的距离是30多千米，行走了3个多月的我们已经完全适应了这次的旅程。我虽然拖着一条瘸腿，但还是坚持了下来。途中休息和喝水是可以有的，在墨脱，我的感觉就是水的质量非常好，无论在哪里，水都清澈透明可以直接饮用。途中的大餐是没有的，我们通常是早晨饱餐一顿，中午啃几块压缩饼干，晚上到了宿营地才生火做饭。有胃病的人都怕饥一顿饱一顿，在墨脱，我的胃就从来没有好过，甚至连安抚胃的药都不能常用。

从背崩到墨脱在修着公路，我们沿着修出的路基前行，和其他地方比较起来，这算是康庄大道了。黄昏的时候，我们终于走到了墨脱。墨脱县政府所在地设在墨脱村，虽然地处边远，但墨脱县四套班子一应俱全。县政府在一个类似的四合院里，党政机关和人大政协的各个部分以及工作人员的宿舍在院子的各个地方。有一条10多米长的"街道"通向这个四合院。"街道"的两边是邮局、银行和政府招待所。政府招待所里16平方米的房间放了5张床，我们终于又可以睡到床上了。邮局就在招待所的对面，和家里的联系更方便了。老乡告诉我们还有商店，可是到我们离开的时候，商店也没有开过门。离县政府不远处还有医院和学校。更好的消息是晚上有电了，县政府的大礼堂放着一台电视机，晚上还能看电视。和背崩相比，这里的条件好了很多。最近看过一些朋友在墨脱拍的照片，我已经完全认不出来了。昔日的小山村，已经变成了一个初具规模的城镇了。

不久前看到一则消息，说墨脱县已经整体脱贫了，真为墨脱人民高兴！1993年，墨脱还处于刀耕火种阶段，在村庄周围，到处可以看到刀耕火种的痕迹，刀耕火种也留下从裸地到

墨脱县政府

孙航、笔者和俞宏渊在墨脱县招待所合影

森林不同阶段的群落演替阶段的植被。在我们后来出版的著作《雅鲁藏布江大峡湾河谷地区种子植物》一书中记录了这些群落演替的过程。在墨脱，大约在4月份的时候有一个短暂的旱季，这个时候薄片青冈会落叶，同时也是刀耕火种的季节。这个时候上山采集植物是一件非常危险的事情，在墨脱村我们就差一点出了事。一次，我们到林中采集标本，听到有伐木的声音，接着又有吆喝的声音，紧接着就有木头从上坡上滚了下来，还算好，我们躲得快，否则后果不堪设想。

我们的春节是在墨脱过的。春节的时候，我们也和县上其他干部一样，买到一份供应。有了这份供应，我们也过了一个不错的春节。到了墨脱，晚上有比较稳定的供电，我们还看到了那一年的春节晚会。

过完春节后，我们先对墨脱周边的植被进行了考察。在雅鲁藏布江河谷中的墨脱森林分布于河谷的两岸，我们必须对两岸的植物都进行考察。德果是一个位于墨脱村对岸的小山村，这里还是国家级自然保护区。到德果有两条路，过溜索的路要少走3个小时的路程。在《墨脱的路和桥》中，我已经详细描述过了溜索。在德果，这个溜索更加简单，其他地方的溜索是用皮带将人捆在马鞍形的架子上，这里用藤条代替了皮带。这个时候的我前前后后已经过了4次溜索，但是每次过溜索对我而言还是一番挑战。而当地的老乡，不仅自己要过溜索，而且还要随身带着40千克的水泥过溜索。傍晚，我们来到了德果保护区界碑旁，这里有一个窝棚，我们在地上铺上了一些树叶就成了很好的宿营地了。第二天，我们沿着聂拉藏布河谷采集。由于这里更加偏僻，人口也不多，植被非常好，在这里的植被基本上能代表《西藏植被》一书中记述的半常绿阔叶林。所谓半常绿阔叶林是指构成群落的优势种薄片青冈在3～4月份的时候有一个集中换叶的季节，严格说起来，能否称为半常绿阔叶林是可以讨论的。完成这里的考察任务后，我们回到德果村，住在护林员白马平措家中。主人做的红米饭和石锅煮青菜，吃起来非常可口。这个村庄虽然偏僻，晚上居然有电，而且村庄非常整洁，猪和牛羊都是圈养起来的。之后，我们将向峡谷深处进发。

刀耕火种的痕迹

刀耕火种后的山坡

16

菜米油盐话墨脱

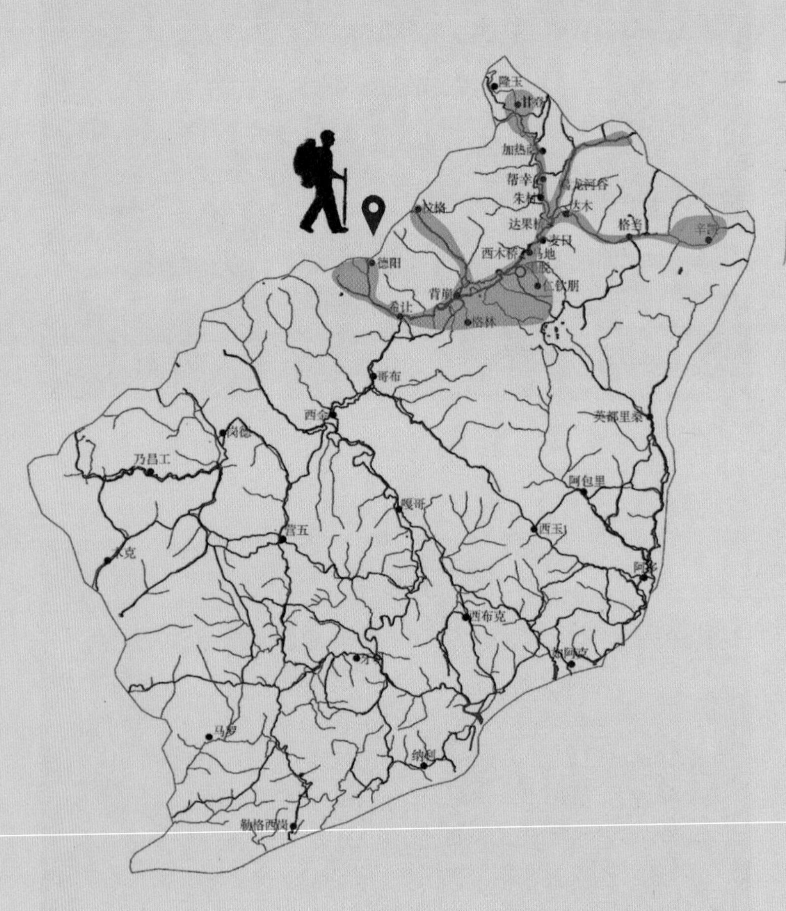

隆玉
加热
帮辛
朱
达木
达果
格当
西木桥
马地
德阳
仁钦朋
背崩
格林
哥布
西金
英都里桑
乃昌工
阿包里
嘎哥
营五
西玉
西布克
马罗
纳利
勒格西

墨脱这个地方，物资匮乏，贵是一回事，主要是“地主家也没有余粮”，拿着钱也买不到东西呀。

文章写到这里，是需要交代一下我们怎么解决菜米油盐问题的。在墨脱物资匮乏，拿着钱也买不到东西。9个月的考察，是不可能带够10个月所需的菜米油盐的，怎么办？不是有一句话，叫做有困难找政府吗。前面说过到达背崩稍事休息后，我们就马不停蹄地赶往30千米以外的墨脱县政府所在地——墨脱村，找政府解决菜米油盐的问题。由于我们执行的是国家自然科学基金的重大项目，西藏各级政府对这次考察都非常支持，从自治区政府到林芝地区政府都给我们开了介绍信。在墨脱见到县长，我们呈交了介绍信，并陈述了在墨脱的工作，提出了我们的要求。县长表示支持我们的工作，给我们

"吃供应"。所谓吃供应就是把我们米油盐的问题纳入到政府的保障体系中，这样我们可以和当地干部一样，定量购买粮食和油、盐等生活必需品。

吃饭的基本需求解决了，下饭的菜就得自己想办法了。墨脱地广人稀，河谷地带气候非常适宜种植蔬菜。当地老乡基本没有种菜习惯，当地的干部偶尔种一点，品种也极为单调，仅有冬瓜和辣椒两样东西最为流行，这两蔬菜也就成为我们常见的下饭佳肴。记得我们曾经搞过一个辣椒宴，炒辣椒、凉拌辣椒、舂辣椒，外加一个辣椒汤。偶尔村子里有老乡卖鸡或鸡蛋，我们便趋之若鹜。墨脱这个地方，物资匮乏，贵是一回事，主要是"地主家也没有余粮"，拿着钱也买不到东西呀。

困难的环境最能激发人的聪明才智，有一次去买"供应"的时候，看到有黄豆，我们就萌生了用黄豆做豆腐和发豆芽的想法。但是点豆腐得要卤水。孙航说卤水点豆腐的基本原理就是蛋白质遇到碱就凝固、沉淀而已，只要有碱就能点豆腐。可是上哪儿去找食用碱呢。还是孙航想到粉笔是石膏做的，而石膏含有碱，用粉笔能点豆腐。在一次压完标本后，再次面临盘中无物的时候，我们决定试试粉笔点豆腐。于是买来了黄豆，借来石磨，又找小学老师要来了粉笔。这位老师问我要粉笔做什么，我告诉她做豆腐。这位藏族老师一脸的困惑，完全没有理解我说的什么，可怜的汉语老师一定是在怀疑自己的汉语水平出了问题。说句实话，我对"粉笔点豆腐"这个脑洞大开的想法也是将信将疑的。几经折腾，豆浆磨好了，煮开了，孙航将粉笔灰撒进豆浆里。我们大眼瞪小眼地盯着豆浆，慢慢地看到豆浆沉淀了，接着又把豆花状的东西捞到一块布上，包扎起来，放上重物挤压沥水，到了第二天，终于看到了豆腐，"粉笔点豆腐”成功了。吃着豆腐的时候，我偷偷地抹了一把眼泪，我被孙航的聪明才智所深深地折服了。尽管一斤黄豆仅做出了半斤豆腐，但是在墨脱能吃到豆腐简直就是一个奇迹。发豆芽比做豆腐要简单太多，可是我们没有时间照顾和等着豆子长成豆芽。

人饿急了脸皮也会变厚。每当盘中无物的时候，我会在院子里游荡，看到认识的干部就会上去搭讪，三句话就要绕到人家的菜地上，接下来就是人家主动开口问是不是又没有菜吃了，回答当然是肯定的，然后就拿着冬瓜或者辣椒回来了。那位得了阑尾炎的女老师就是我经常搭讪的对象。

脸皮厚就算了，在墨脱认识我的人也不多，更何况认识我的那两位，比我也好不到哪儿去。更严重的问题是道德水准下降，遵纪守法的观念淡漠。我向各位朋友坦白，在墨脱期间我及同行的考察队员做过一些违反《野生动物保护法》的事情。比如在德阳沟，为了完成考察任务，射杀过猎物。虽然不是我扣动的扳机（我也没有那个本事），但是我参与了密谋的全部过程，至少算得上一个“从犯”。在汗密，我们吃过老乡射杀的黄羊。我们还用风格的雷管，炸过雅鲁藏布江里的鱼。这些“罪行”都是28年前的事情了，弱弱地问一下熟悉法律的朋友，这些个事情是否已经过了追诉期？我可是担惊受怕了28年呀。

作为植物学工作者当然也会从植物中想办法，会找点野菜下饭，比如采鱼腥草（折耳根）。那东西在墨脱可真多，遍地都是。遗憾的是我死活吃不来这个东西。别人口中的美味对于我来说有一股臭虫捏死的味道。记得在汗密，唯一的一道菜就是豆瓣酱拌折耳根。我实在是吃不了折耳根，只好挑一点豆瓣酱吃。我记得当地的老乡告诉我们一种植物可以吃，我们采来一看是蓼科的金荞麦（*Fagopyrum dibotrys*），一试口感确实不错，酸酸的，如果能够用点肉炒一炒，一定赛过腌菜炒肉。驻地附近如果有老乡杀猪，还会得到一个猪头和一副猪下水，这无疑意味着我们盛大节日的来临。

1993年春节前，我们完成墨脱雅鲁藏布江大峡谷下段的考察，从背崩转移到墨脱。这里是墨脱县政府的所在地，也就是通常说的县城。当年的“县城”其实就是两排房子，用一位民工的“糙话”讲，这个县城不需要一泡尿的功夫就能从头走到尾。从同事们带来的照片看，现在的墨脱县城已经是小有规模了。由于县政府把考察队也纳入到了吃供应的对象，春节临近的时候，我们接到通知去领“供应”，我记得那是每人半斤腊肉、两筒红烧肉罐头、几包咸菜。这么点东西，可把我们激动坏了。大年三十那天，我们磨了豆腐，做了刀削面，又用腊肉炒了刀削面。云南人春节喜欢吃炒饵块（东部叫年糕吧），在墨脱没有年糕就用刀削面代替。我记得是县上有个干部宰了一头自己养的猪，给了我们一点新鲜肉，我还做了一个水煮肉片，为我们准备了一餐“丰盛”的年夜饭。

就这样，在当地政府的支持下，我们用十八般武艺度过了墨脱9个多月神话一般的生活。

17

大峡湾深处

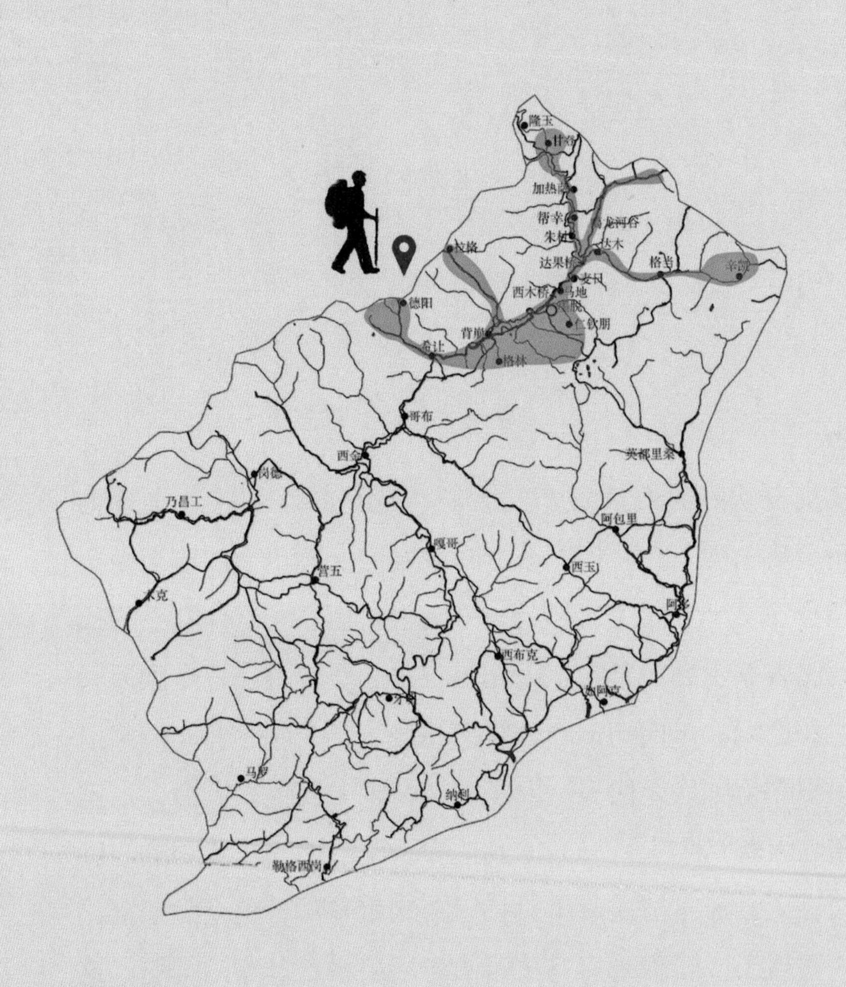
隆玉
加热萨
帮辛
朱村
拉格
达果桥
达木
格当
西木桥
马地
仁钦朋
德阳
背崩
格林
哥布
西金
英都里桑
乃昌工
阿包里
嘎哥
西玉
营五
西布克
马罗
纳利
勒格西岗

整个雅鲁藏布江在这里形成了一个马蹄形的大峡湾。峡湾中峭壁耸立，重岩叠嶂，江面狭窄，彼岸可及，折叠蜿蜒，万转千回，前路难辨。

我第一次听到雅鲁藏布江大峡湾这个名字不是在地理书中，而是从电视上。我们国家的政治制度保障每个民族至少要有一位全国人大代表，门巴族和珞巴族当然也要有自己的代表。门巴族仅生活在墨脱，因此墨脱县必然要有一位全国人大代表。20世纪80年代初，新闻联播播过一条新闻：有一位来自西藏墨脱的全国人大代表，为了参加全国人民代表大会，在雅鲁藏布江大峡湾中步行15天才到达有公路的地方。我国的全国人民代表大会通常都是每年3月5日在北京开幕，这个时候喜马拉雅大雪封山，要翻越喜马拉雅山走出墨脱是非常困难的。这个时候要出墨脱，就必须要沿着雅鲁藏布江大峡谷走上15天，从排龙乡沿帕隆藏布，走到通麦再乘车去拉萨，方能赶上全国人大民代表大会。初次听到这个消息的时候，不承想我也有机会深入到这大峡湾中，走一走这位人大代表曾经走过的路。

春节过后，我们完成了墨脱周边的一些考察，就着手准备前往大峡湾的考察。这次考察，行走的路程长，花费时间多，出发之前必须做好准备。1993年2月中旬，我们冒雨往大峡湾进发了。这个时节的墨脱很难等到一个长时期的晴天。墨脱从2月中下旬就开始下雨，一直要下到3月下旬的桃花凋落，几乎

大峡湾

要下一个多月的时间，老乡们称这个小雨季为“桃花雨”。墨脱也有气象局，出发前我们还去墨脱县气象局查过资料，只是在1993年的时候，墨脱县气象局仅有1年的数据，从数据看，墨脱2月份有10天的连续降雨，还不算时断时续的降雨，看来桃花雨的传言不虚。

从墨脱“县城”出发后，我们沿着墨脱到波密的公路前行。这条公路从1975年开始修建，但是多次被塌方等自然灾害所破坏中断，曾经也短暂地通过车，从80千米到24千米处确实也有车辆行走。直到2013年重新修建的墨脱到波密的公路通车，墨脱才摘掉了全国唯一不通车的县的帽子。第一天，我们走到了一个叫达果桥的地方，这里是一个三岔口。沿着嘎隆河谷继续往东，翻越嘎隆拉便是波密；往东北就进入举世闻名的雅鲁藏布江大峡湾，往东南沿着金珠拉河谷可到墨脱的格当乡。这里正在修一个钢结构的桥，桥周边有修桥民工留下的窝棚。在窝棚里过了一夜以后，我们沿着东北方向，向大峡湾深入。大峡湾的路也非常陡峭，窄窄的山路像一条细带镶嵌在悬崖峭壁之中，难怪当地老乡说这是猴子走的路。一路上，淅淅沥沥的小雨下个不停，在中午的时候，我们路过了珠村，这是一个珞巴族的小村庄。此时，雨还在不停地下，我们进入一家珞巴族人家避雨，主人忙着用酥油茶和糌粑招待我们，这和门巴族很不一样。我虽然不太习惯喝酥油茶和吃糌粑，但这比我们自带的压缩饼干是好吃了不少，而且完全没有了喝酒的压力和负担。热乎乎的酥油茶，喝到肚里暖洋洋的。喝过酥油茶，我们要继续赶路，一方坚持要给钱，一方坚持不要，双方言语不通，比画了一下，按照我们的理解就是回来的时候，我们再来她家喝酥油茶。在这种时候，有人这么热情地招待你，还真

达木乡的乡亲们

甘登乡

大峡湾中的秀丽兜兰

大峡湾中的杜鹃花（树形杜鹃）

和旁辛乡（现帮辛乡）的干部合影

大峡湾中的不丹松

弯中的珠村

弯中村庄边的桃花

大峡湾

孙航在大狭湾途中

不是钱的问题。但是如果连钱都不给，我们心里又真过意不去。在回程的路上，我们确实又来了这位老乡家。这位老乡特意地打扫了房屋，早早就准备好了酥油茶。晚上，我们来到帮辛乡，这里虽说是在大峡湾中，乡政府的房屋比背崩要好，招待所有床有被褥，伙房也不错，晚上乡上居然还放了电影。

第二天一早起床，我们发现这是一个难得的晴天，当天计划是赶到加热萨乡的，但是由于随行的民工没有按计划赶到，我们只好在这个大好的时光中继续等待。当天晚上没有赶到计划中的加热萨乡，而是到了一个叫作中荣的村庄，住在向导丁

加热萨乡远眺

当家里。丁当从村里居然买到了一只鸡和五个鸡蛋，这是一个难得的改善伙食的机会。珞巴族房屋结构和门巴族大同小异，只是更加简单。大房间里没有再进行分隔，客厅、卧室、客房和厨房都融为一体。我们和主人一起住在这间功能齐全的屋子里，找一块空地，安然入睡。

大峡湾中的高山栎

第二天又是在淅淅沥沥的雨中前行。从地图上看，整个雅鲁藏布江在这里形成了一个马蹄形的大峡湾。峡湾中峭壁耸立，重岩叠嶂，江面狭窄，彼岸可及，折叠蜿蜒，万转千回，前路难辨。偶然间弯拐处有一片青稞地，桃花和木屋映衬在绿油油的青稞地里。我们在这如诗如画的风景里，一边观察和采集着路边的植物。这里的植被景观和背崩、希让和墨脱都不一样。下午时分，我们来到了加热萨。

这次在墨脱的考察任务，主要是现代植物区系和植被。但是，每到一地我都会下意识地问一下当地的老乡和干部，当地是否有化石。在大多数时候，就是这么随口一问并不期望回答。有一次和李杰聊天，他说加热萨乡有化石。这次到加热萨的一个主要

笔者和孙航在大峡中的合影

在格当乡和乡长的影（左起：笔者，航，乡长，俞宏渊）

前往80K的考察途中

任务就是去找找这传说的化石。一到乡上，我就迫不及待地打听化石的情况。第二天在副乡长的带领下，我们去寻找化石。副乡长大致知道化石在江边，我们沿着一条小路慢慢往江边走去，江边有大片的石灰岩出露，沿着这片石灰岩往前走，来到了岩洞边上，果然找到了传说中的化石，但是这个化石实在是太年轻了，对于古植物学家来说丝毫没有吸引力。原来所谓的化石，就是现代的石灰华。这个地方水分充沛，植物丰富。水分通过钙质灰岩淋融下来，就成了石灰华，而地上的叶子也便融化在石灰华上，形成了“化石”，地上的叶子甚至还有一半是石灰华，一半还是绿色的叶子。虽然没有采集到真正的化石，但是也算了结了一桩心愿。这大峡湾中，确实没有新生代的地层，自然也不可能找到新生代的化石。在前往采集化石的途中，也采集了不少现代的植物标本，也算不虚此行。

完成加热萨乡的考察以后，我们继续往峡谷深处进发。这里的道路更加险峻了。传说有两位年轻的干部，路遇塌方，葬身峡谷。有一些人到此就止步不前了。这里有墨脱最边远的一个乡——甘登乡，这是大峡湾中最后一个有人居住的村庄，过了甘登乡的多卡村，大峡湾内就无人居住了。沿着峡谷再走7天，就到达通麦。当年那位全国人大代表走的就是这条路。从加登萨乡出发的时候，还下着小雨，不一会儿，雨停了，江面上升起了一阵浓雾，山峰在浓雾中时隐时现。山上还不时有石头滚下来，我们一边留神着脚下的路，一边担心着山上的滚石，渐渐地，我们翻过了一个垭口，来到了一片茂密的森林。由于人烟稀少，这片森林完全保持在一种原始状态，主要的种类有青冈、石栎、马蹄荷等亚热带常绿阔叶林的常见类群，林间的附生植物相当丰富，表明大峡湾中有丰富的水分供给。在这里居然还发现了高山栎，也证明了我关于高山栎起源与演变的猜想：高山栎最早和常绿阔叶林混生，当青藏高原海拔抬升到一定高度的时候，高山栎适应高海拔环境的优势体现了出来，而成为群落中的优势种。

大峡湾中几个乡政府的办公用房，仿佛都是统一修建的，在大峡湾中建房子的材料都是石头。大峡湾中的几个乡都配了卫星天线，晚上依靠柴油发动机发上2小时的电，干部们通过电视了解外面的世界。甘登乡村的房子可能是盖得最晚的，显得比其他几个乡都要新。晚上，乡上的干部还给我们拿来了被子，炊事员为我们做好了饭。晚上躺在床上的时候，我有点不敢相信自己居然来到了这大峡湾的最深处。这是我们离开墨脱县的第7天了，每天差不多都要走上30千米路。之前，一想到往甘登乡考察就觉得遥不可及，困难重重，今天置身于大峡湾中，困难也没有想象的那么大。很多时候，人们不是被困难所难倒，而是被困难所吓倒的，再困难的事情都要一步一步地去做。

虽然天公不作美，没有见到南迦巴瓦峰，但是我们带着满满的收获离开了甘登乡。来的时候忙着赶路，有些地方我们没有采集，在回程的路上，我们一边往回走，一边采集标本。这峡湾深处的珞巴族乡亲们都非常热情，给了我们很大的帮助。我们常常借宿于素昧平生的乡亲们家中和主人们同居一室。我记得有一次，在一位老乡家，晚上下起了大雨，一会儿屋子里也下起了小雨，而主人似乎对此情况已经习以为常，继续睡觉。我们也只好客随主便，找了一块淋不着雨的地方继续睡觉。第二天，天亮的时候只见我们和主人一起，横七竖八地躺在屋子中。还有一些乡上的干部，在内地培训过，对我们就格外热情。记得达木乡的一位医生，曾经在内地学习了3年，对我们非常友好热情，主动带我们上山采集标本。

经过大约半多个月的时间，我们完成了大峡湾几个乡的考察，又折返到了达果桥。从达果桥我们一路往东一直走到了80K(距离波密80千米处)，完成了嘎隆拉沿线的采集，又返回到达果桥。从达果桥向南，我们去了格当乡。格当乡位于金珠拉河畔，这是墨脱唯一的一个藏族乡。据说这里原来是没有村庄的，1959年十四世达赖喇嘛外逃时，有一些不知情的藏民跟随，到了格当以后，这些藏民以为到了印度就住了下来，在1965年人口普查时，才发现自己仍在中国。这里的地貌相对平坦，路要好走了许多。然而，这条路的特色是蚂蟥多。传说在雨季无人敢走达果桥到格当乡这条路，蚂蟥能把一匹马活生生叮死。不知道研究蚂蟥的专家是否来研究过墨脱的蚂蟥，我猜想这里应该是蚂蟥的多样化中心。在这条路上，我见过形态各异的蚂蟥，大的，小的，穿绿衣服，花衣服的，还有穿迷彩服的，无论种类和数量，这里的蚂蟥的多样性都是首屈一指的。进入格当后，看到几乎每一匹马的眼睛处都有几条长长的血痕，这都是蚂蟥叮咬后留下的痕迹。在格当经过3天的野外采集，我们完成了考察任务。至此，我们就走遍了墨脱所有的乡镇。

18

墨脱的狗

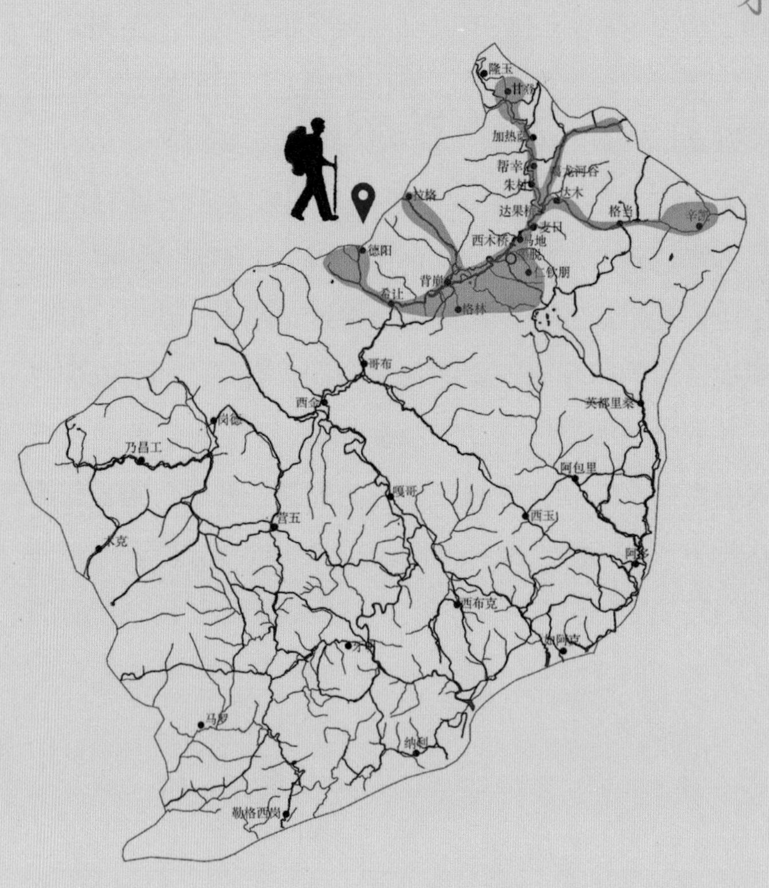

隆玉
帮辛
朱村
达木
拉格
达果桥
格当
麦日
西木桥
马地
德阳
仁钦朋
背崩
希让
格林
哥布
芙都里桑
西金
岗德
乃昌工
阿包里
嘎哥
营五
西玉
西布克
纳利
勒格西岗

人、狗之间在长期狩猎的过程中，理解了彼此的想法，一个眼神就能把任务交代清楚，真是应了的那句话，狗儿能记住的，比你想象的多得多。

小狗

Science 这样的神刊，不但能总结一年来在全球的研究热点，而且还能预测来年的热点。后面一点尤其要本事，预测不准，岂不是要打脸？2015年底，*Science* 就预测2016年的热点之一是“研究狗的起源”。果不其然，2016年6月，*Science* 发表了一篇题为 *Genomic and Archaeological Evidence Suggests a Dual Origin of Domestic Dogs* 的文章。这篇文章有一个重要的结论，即欧亚东部和欧业西部家养的狗，独立起源于不同的狼的居群（Dogs may have been domesticated independently in Eastern and Western Eurasia from distinct wolf populations）。以狗作关键词，在 *Science* 中检索，竟然搜出

来6000多个条目。看来狗是人类社会离不开的一个话题。在这本书中写一写狗，应该不算格调低下。再说了，狗在墨脱乡亲们的生活中也是必不可少的，离开了对墨脱狗的记述，这个考察笔记也是不完整的。

墨脱和许许多多的中国村庄一样，有许多的狗儿。刚到墨脱时，老乡给我说墨脱的狗都是猎狗，看着这群干精骨瘦的狗儿们，我充满了蔑视，怎么也不相信它们那点小身板能够上山打猎。不久，狗儿们就用自己的行动，打了我的脸。一天，我们在背崩村老乡的带领下，外出采集标本。狗儿们见我们出村就跟了上来，在途中，门巴族老乡看见对面的山崖上有一猎物操起弓箭就要去射。几个老乡弓着腰钻进了密林中，两只一直跟随着我们的狗却跑向了另一个方向。看着狗的行为我十分不解，心想知道你们不行，可你们也不至于这么不堪，难道连一只山羊都怕？晚上老乡们扛着猎物回来了，狗儿们乐呵呵地围着猎物在转悠，一副邀功请赏的模样。我实在看不下去了，便吆喝了一声：这和你们有关系吗？老乡马上说，今天能打到猎物全靠这两条狗帮忙。老乡手中只有弓箭，射程不远，而黄羊又是何等的机灵，一有风吹草动早就逃之夭夭了。老乡们埋伏在一块岩石后面，狗儿们把黄羊赶到岩石附近，然后由老乡射杀。听完这个故事，我才明白为什么这些狗儿跑向老乡们相反的方向。老乡们和狗儿之间应该没有言语交流呀，那一定是眼神了。人、狗之间在长期狩猎的过程中，理解了彼此的想法，一个眼神就能把任务交代清楚。真是应了 *Science* 文章中的那句话：狗儿能记住的，比你想象的多得多（Your dog remembers more than you think）。这下我相信了，墨脱这些狗都是身经百战的猎狗。墨脱的狗儿们长期在林中行走奔跑，消耗了它们身上多余的脂肪，以狗眼看这不是瘦，这是健美！

在《墨脱的妇女们》一文中，我描述过我们在背崩乡的住所。东西南北四排房子围成了一个院子。这个院子没有门，南面的房子稍微短一些形成了左右两边的两个通道。我们在墨脱一般是出去采集7天左右，然后回到背崩，登记、压制和烘烤标本。在背崩登记、压制标本的时候，我有机会观察这个院子里一群狗儿们的生活起居。这个院子里生活着六七条狗，领头的是一条公狗，这家伙高大健壮，个头高出狗群一个头，身着黄毛，毛色透亮，从狗眼里看上去一定是帅狗一枚。为了叙述方便，我姑且将其称为老黄。因为帅，老黄身边常常聚着五六只母狗，老黄过着妻妾成群的生活。村子里总有那么一两只肾上腺素分泌过旺的公狗想挑战老黄的狗威，一有机会就会溜进院子，染指老黄的后宫。老黄妻妾成群，但是也绝不容许这类事情的发生。只要有公狗进入院子，老黄总是坚决捍卫自己的利益，一番厮打过后，外来的公狗落荒而逃。老黄在院子里的时候，也不准其他母狗离开院子半步。然而，外面的世界很精彩，老黄不可能天天守着这群母狗，它也是要出去看看的。每当老黄外出的时候，院外的公狗总会抓住机会，溜进院子和老黄的嫔妃们厮混。我不知道老黄具备了何种特异功能，它总能在双方卿卿我我、互述衷肠时及时返回，有效阻止事态的进一步恶化。尽管如此，老黄每次都非常生气，先是赶走外来的入侵者，接下来又对嫔妃们检查一番。没有犯过错误的嫔妃们围绕老黄摇头摆尾，仿佛要告诉老黄，我们是守规矩的，犯了错误的母狗吓得躲得远远的。老黄安抚好没有犯错误的母狗后，又找到犯了错误的母狗，先是要咬上几口（其实不是真咬）以示惩戒，然后又是亲嘴又是嬉戏。恩威并重这一套，老黄玩得很溜。

另外一条给我留下深刻印象的狗，是一条黑狗，我姑且称之为老黑。老黑生活在格当乡。墨脱的世居民族是门巴族和珞巴族，格当乡是墨脱县里唯一的一个藏族乡。1993年3月，我们的考察辗转也来到了格当乡。到格当乡的那天早晨，大家还在睡觉，孙航就一个人出去转悠，谋划在格当的采集路线。突然，我听到孙航在远处大叫："快开门，快开门。"我虽不明就里，仍赶紧打开了门，看见一条黑狗龇牙咧嘴正在追赶着孙航。孙航三步并作两步窜进了屋子，我赶快关上了门，老黑的爪子已经搭到了门上。孙航1990年在对西藏普兰的考察中，曾被两条藏獒咬得皮开肉绽，我想他肯定不想让同样的事件再一次发生。我们在格当住了下来，老黑给孙航的下马威也给我们留下了一个心理阴影。虽然后来的几天，老黑不再与我们为敌，也不再追赶我们了，我还是避免与老黑狭路相逢，见到它，我就绕着走。

在讲下一个故事前，我需要暂时把狗的话题绕开一下，先交代另一事情。长期以来，墨脱的老乡的肉食来源主要是靠狩猎。为了保护生物多样性，政府逐步鼓励和引导老乡放弃狩猎，加之枪支被收后，打猎变得越来越困难了，老乡们开始养猪。墨脱的猪小时候都是放养，任其自己觅食。猪长大了，老乡就将其关到圈中，直到宰杀。令人不解的是打了一辈子猎的门巴族和珞巴族老乡，居然不会杀猪。每每要杀猪的时候，还得找人帮忙。我们随队的民工张成，在这方面是一把好手，一两个小时内就能把一头猪收拾利索。我们到格当乡的第三天，就有一位老乡请张成去杀猪。按照当地的惯例，猪收拾完后，猪头和下水就作为杀猪的报酬。于是张成出去了大半天，就为我们带来了猪头和猪下水，我们的生活得到了改善。开饭的时候，肉香味把村子里的狗儿们都吸引了过来，老黑也在其中。不过老黑不像其他狗那样，围着我们讨吃的，而是保持着足够的距离，十分矜持。我为了讨好老黑有意丢了几块肉给远处的它。老黑对我丢来肉，装出一副漠不关心的样子，在我没有盯着它的时候，偷偷吃下我丢给它的肉，毕竟它也很少有肉吃。在墨脱，大家的肚子里基本没有油荤，好不容易吃一次肉，不知不觉中就多吃了几口。我这个人平时也不喜肉食，属于那种沾不得荤腥的人，多吃了几口晚上就开始闹肚子，不得不半夜起来上厕所。我上完厕所回来，只见老黑吼叫着向我飞奔而来。我想这下完了，我只穿了个裤头就出来，要跑是来不及了。电光石火间我做了一个后来被证明是非常正确的决定，选择了站下来，任凭老黑发落。但见老黑来到我跟前，闻了闻，摇着尾巴走开了。我一身冷汗，感觉又要上厕所了。老黑这么轻易地就放过了我，是不是白天给老黑吃肉起了作用？看来人真要多做善事。

19

仁钦朋

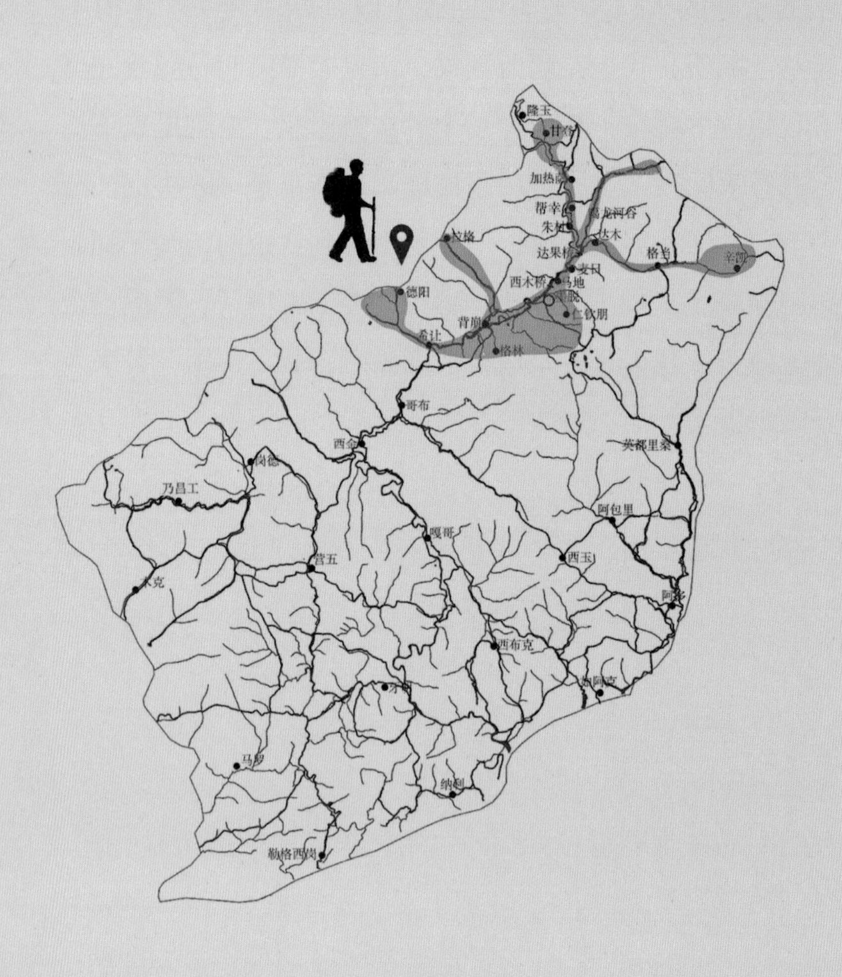

隆玉
帮辛
达木
格当
拉格
西木桥
马地
德阳
仁钦朋
背崩
希让
格林
哥布
西金
英都里桑
乃昌工
阿包里
嘎哥
西玉
营五
西布克
马罗

仁钦朋坐落在山间的一块凹地中，四周是密密匝匝的亚热带常绿阔叶林。与墨脱大部分的建筑比较起来，仁钦朋堪称“雄伟壮观”。

仁钦朋是墨脱一座喇嘛庙的尊称，它位于墨脱县城周边2 000米左右的山林中。如果说墨脱县城是位于墨脱的地理中心的话，仁钦朋就是位于墨脱的肚脐上。这座喇嘛庙是墨脱的宗教圣地，在整个藏东南都小有名气，据说朝圣的信徒远至四川的阿坝州。对仁钦朋周边的植被进行考察，是整个墨脱考察计划中的重点之一。

墨脱县城的海拔是1 000米左右，要上仁钦朋考察，还要爬1 000多米高程的山路。对于在墨脱已经行走了半年多的我们来说，每天行走30多千米就是家常便饭，爬1 000米高程的山路，这简直就是小菜一碟。但是由于这半年多的过度行

仁钦朋远眺

密林中的仁钦朋

走，我右膝盖的关节时时用疼痛来刷它的存在感。最严重的时候，右腿不能弯曲，上厕所都蹲不下去。在这个状况下，要走1 000米的高程的山路对于我来说还是小有困难。

4月份我国大部分地区仍是旱季，墨脱的降雨早已匆匆而至，有些时候不大不小的雨会淅淅沥沥地下上一个星期。在一个天气转晴的早晨，我们开始了前往仁钦朋考察。我们一边爬山，一边采集标本。当山路逐步平缓起来的时候，一排排的经幡仿佛在迫不及待地告诉我们，仁钦朋就要到了。树木渐渐地稀疏了起来，视野开阔了起来，仁钦朋映入了眼帘。仁钦朋坐落在山间的一块凹地中，四周是密密匝匝的亚热带常绿阔叶林。与墨脱大部分的建筑比较起来，仁钦朋堪称“雄伟壮观”。寺庙的顶上耸立着一根圆柱（这个结构在喇嘛庙一定有专有名词，恕我不知其名），上面的金粉金光闪烁，铁皮的屋

寺庙前的经幡

顶闪着耀眼的光芒。铁皮屋顶是那个时代墨脱建筑的标配，就连喇嘛寺也未能免俗。不通公路，又不能自给自足，墨脱建筑的每一件东西都要靠人背马驮从外面运进来，于是乎铁皮堂而皇之地顶替了琉璃瓦，成了寺庙的屋顶。庙外的一侧还盖起了一排低矮的屋子，供香客们过夜歇脚，这当然成了我们的宿营地。在墨脱能够在野外住上这样的宿营地，对于早已习惯于风餐露宿的我们来说，犹如住进了五星级的希尔顿（其实我至今仍未住过希尔顿）。

到达仁钦朋天色尚早，我们便在周边采集植物。连续一个星期的阴雨，使得道路十分湿滑，下雨也使得蚂蟥们活跃了起来，行走一会儿，身上便能发现蚂蟥。脚上高筒布袜，能够防止蚂蟥钻入身体；手上的蚂蟥，甚至是脸上的蚂蟥，只能是发现一个，处理一个。即便是如此，也免不了有蚂蟥钻进衣服内，悄无声息地吸你的血。吸足血的蚂蟥变得腰大肚圆，然后又悄无声息地离开你。

由于是宗教圣地，仁钦朋附近的森林没有刀耕火种的痕迹，保存较好，基本称得上是原始森林。这片森林的优势种是薄片青冈（*Cyclobalanopsis lamellosa*）、西藏青冈（*C. kiukiangensis* var. *xizangensis*）和华南石栎（*Lithocarpus fenestratus*）。薄片青冈是一种高大的乔木，它的坚果被壳斗全部包被，这个性状在栎属植物中仅见于西畴青冈和薄片青冈。薄片青冈的坚果直径约为3～4厘米，在落果的时候林中遍地都是，生物量非常大。我曾在云南哀牢山看到有韩国人在收购这种果实，据说是用于烤酒。我让学生测过薄片青冈种子的淀粉含量，其淀粉含量高达40%，这是一种被忽视了的森林淀粉资源。人类很奇怪，一方面拼命种庄稼，使尽各种手段，让

水晶兰

绽放出新叶的薄片青冈

薄片青冈

产量一高再高，但是对大自然的慷慨馈赠却视而不见。固然薄片青冈的淀粉也许不那么可口，但是也有手段改进吧，或者暂时作为牲畜的口粮总是可以吧。

以薄片青冈为优势的群落也是东喜马拉雅地区较为有代表性的一种群落类型，主要分布于尼泊尔、不丹、印度东北部及我国西藏墨脱、云南高黎贡山和哀牢山。墨脱薄片青冈在雨季前（或初期）集中在15～20天换叶，形成一种特殊的林相特征，李勃生先生将这类森林称为“半常绿阔叶林”。薄片青冈的林下灌木层和草本层都十分地发育，林下的水晶兰（*Monotropa uniflora*）通体白色，花冠的先端镶嵌着的一圈黄色，给晶莹剔透的水晶兰平添了几分生机。

第二天一早，还在睡梦中的我们就听到了阵阵诵经的声音。起来一看，寺庙敞开了大门，使得我们有机会目睹这寺内的神秘。大殿正中供奉的既不是释迦牟尼佛，也不是观音菩萨，而是一尊面目狰狞、貌似内地寺庙前四大金刚的尊神。这位尊神用木头雕成，脸上涂抹着金粉，脖子上缠绕着一条蛇。据说这尊神主要司职驱魔除妖，所以其狰狞的形象是和驱魔职责相匹配的，就是不知脖子上缠绕着的这条蛇，是大神的战利品还是驱魔除妖的帮手。尊神的下面供着几尊小神，小神是铜铸的，比尊神要精致许多。神像前摆满了经书，这在内地的寺庙中倒是少见。寺庙中点着酥油灯，酥油上长着黑毛和白毛，让我想到密教下毒的毒物是不是来自酥油灯的霉菌？寺庙内不供奉释迦牟尼或观音菩萨，而是供奉一尊驱魔除妖的尊神，我想这也和墨脱的自然情况有关吧。在墨脱，生态环境良好，但是人类生存的环境却十分恶劣，缺医少药，病魔很容易夺走人们的生命，在这种情况下，求生存就成了第一需要，转世轮回得先等等。看来宗教信仰和人类的物质文明也是密切相关的。寺庙左右两侧坐着身着黄袍的喇嘛，他们口中念念有词，领头的喇嘛不时敲一下跟前的皮鼓，诵经的声音和皮鼓声给寂静的森林平添了几分神秘。

两天的时间，我们完成了仁钦朋周边植被的考察。天气接着放晴，一些迫不及待的门巴族老乡开始烧荒种地了。从山上往下看，碧绿的雅鲁藏布江也开始浑浊了起来，意味着远处的雪山已经开始在消融，我们的标本数量也在不断地增加，我们的考察任务也即将完成。

笔者在仁钦朋

随着墨脱到波密公路的通车，去墨脱变得容易了起来。周边许多的朋友都去过了墨脱，墨脱已经变成了一个较为发达的小县城。也有公路从县城通向了仁钦朋。寺庙周边的客栈在不断变大，香客和游客逐步多了起来。不知怎么，我有一丝隐约的担心，但愿去参拜仁钦朋的香客和游客能和那片森林和睦相处，林下的水晶兰能够安好。没有了森林，仁钦朋定会很孤独。

20

出墨脱

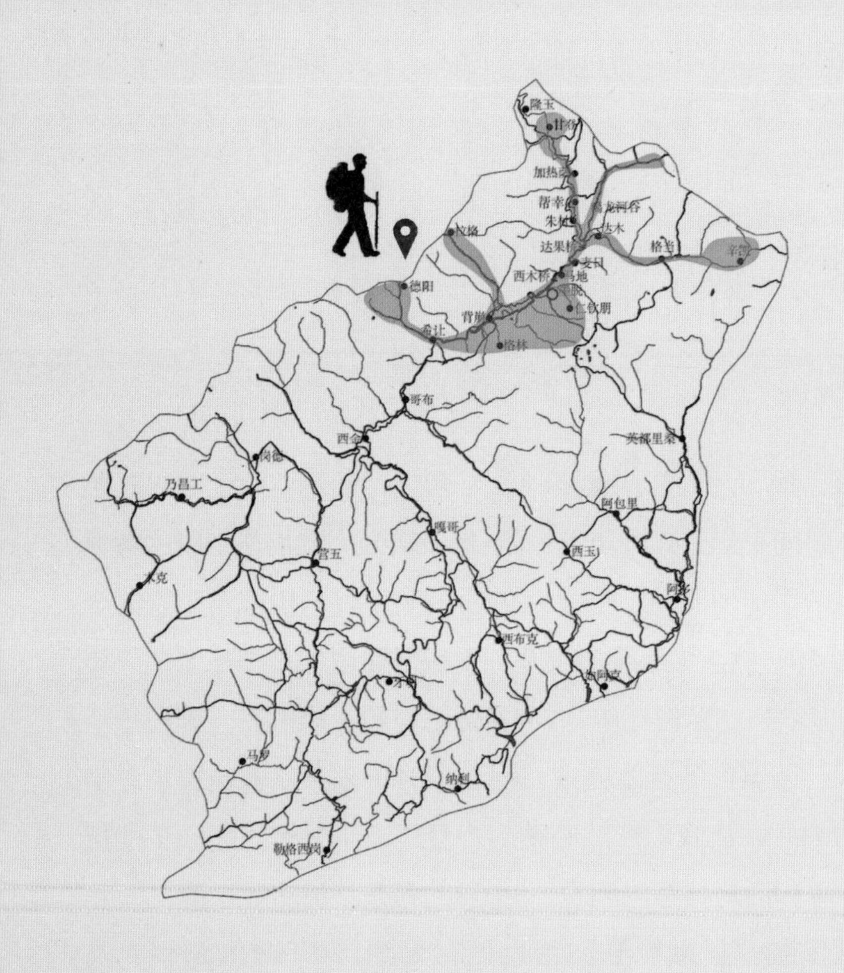

隆玉
加热萨
帮辛
朱村
达木
达果桥
格当
麦similar
西木桥
马地
德阳
仁钦朋
背崩
希让
格林
哥布
西金
英都里桑
岗德
乃昌工
阿包里
嘎哥
西玉
宫五
西布克
马罗
纳刻
勒格西岗

虽然已经到正午，但感觉如同黑夜。尽管如此，经过千辛万苦到了山顶，大家都很兴奋，高兴得大吼大叫。向导赶快制止了大家的吼叫，说道："大家不要叫了，再叫天就下雨了。"果不其然，他的话音未落，天空就下起了雨夹雪。

雅鲁藏布江的江水逐渐浑浊了起来，预示着山上的雪开始消融，时间来到了1993年的5月下旬，转眼间我们在墨脱的考察已经过去了9个月。在这9个月的日子里，我们走遍了墨脱的全部9个乡和一些大大小小的山寨，累积行程达2 500多千米，采集到7 100多号、3万份标本，700多份活材料，堆放在一起已经小有规模，考察任务基本完成。周边不时传来某某翻越雪山进出墨脱的消息，让我们怦然心动。行百里者半九十，如果不能把这些标本和活材料带出墨脱，9个月的考察就将功亏一篑。

从墨脱"县城"到波密县城有大约120千米的路程，其中最大的难点是要翻越嘎隆拉。嘎隆拉的海拔虽然平均仅为

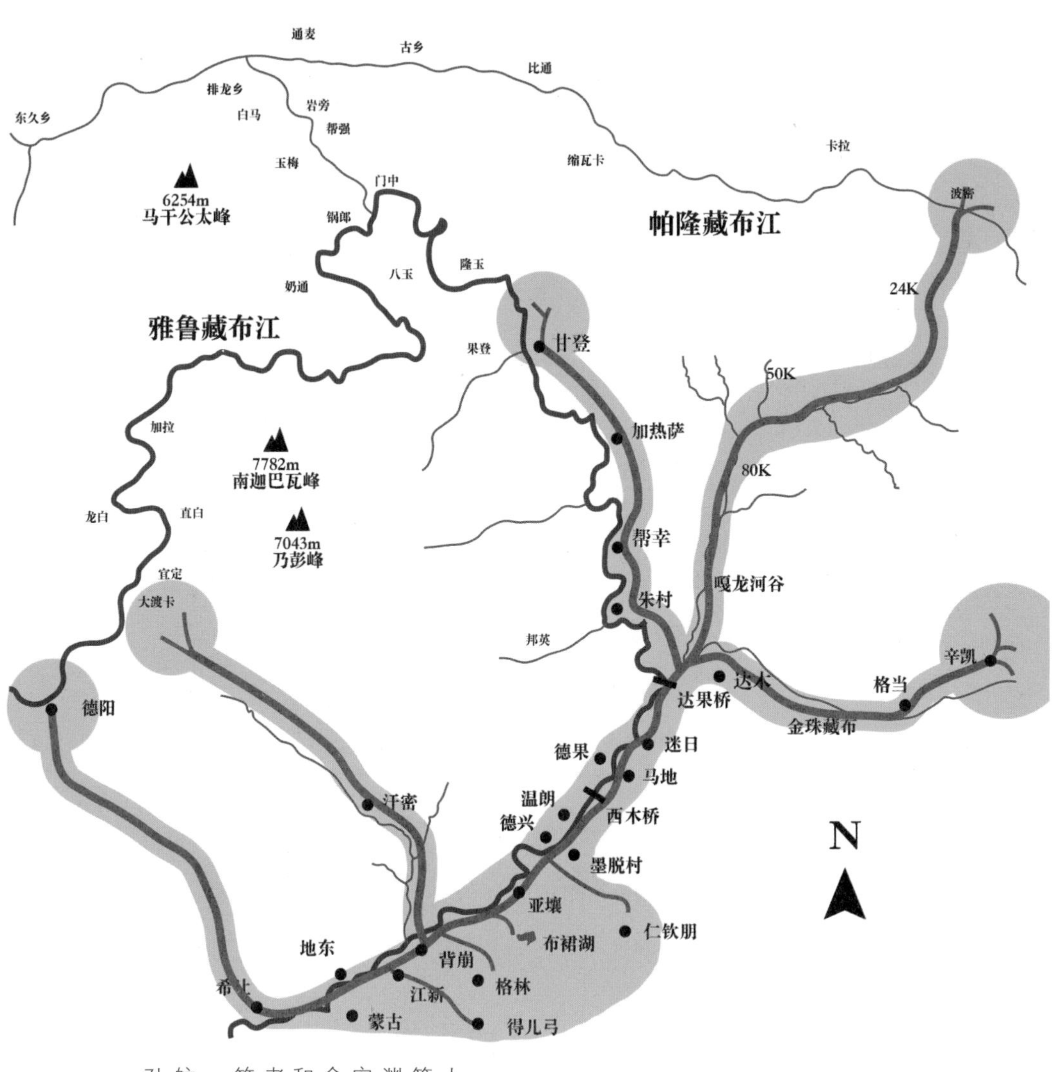

孙航、笔者和俞宏渊等人1992—1993年墨脱考察路线图（蓝色为雅鲁藏布江，红色为考察区域行走路线）

4 800米，垭口的海拔也仅有4 200米，在高耸入云的喜马拉雅山脉中，这就是一个“小兄弟”。但是由于嘎隆拉位于印度洋暖水汽和北面青藏高原高寒水汽的交锋带，气候多变，加上地质构造复杂，地质活动剧烈频繁，雪崩、滑坡、泥石流等地质灾害时有发生，嘎隆拉成了墨脱到波密公路的“卡脖子”段落。在1993年之前，墨脱到波密的公路曾经有过短暂通车，但由于那个时候修凿长距离的隧道是一件非常困难的事情，墨脱到波密的公路不得不翻越嘎隆拉山脉。由于山体陡峭，地质活动剧烈频繁，修通的公路很快又中断了。从墨脱到嘎隆拉有一大段是没有村寨的，未通公路的里程就成了地名，如80K、50K和24K等。直到2013年，嘎隆拉隧道被打通之后，波密到墨脱才能保持较为稳定的通车。

当然在1993年的时候，我们并未奢望乘车离开墨脱。经过9个月的洗礼，我们对翻山越岭早就习以为常，每天30多千米的路程就是家常便饭。决定行程以后，我们就开始准备起来，首先是把采集到的标本用塑料袋精心包好，5月墨脱的雨已经比较频繁了，如果标本淋湿受潮，我们9个月的成果就将毁于一旦。接着就是找民工，给民工分配背的东西。那个时候每一件东西，进出墨脱都是靠人背马驮。之后又是准备途中的所需，从墨脱到波密有120千米的路程，要翻越嘎隆拉，我们准备用4天完成，50K以上的地方，之前考察没有涉及，还打算要采集一些沿途的植物。一切准备就绪后，告别了墨脱的乡亲，我们带着浩浩荡荡的队伍出发了。行前，县长桑吉扎巴，县人大常委会赵主任专程前来送行，离别之情萋萋满满。

第一天计划是要走到80K，就是从波密到墨脱80千米处，那里是墨脱的一个物资转运站。在波密到墨脱的公路短暂通车

嘎隆河谷的留影

嘎隆河谷中的桤木林

浩浩荡荡的民工队伍

林中的杜鹃花

嘎隆拉山脚的铁杉林

的日子里，有部分的物资，从外界被运送到这里，又从这里转运到墨脱的其他地方。这里虽然不是村寨，但由于是交通要道又是物资转运站，有一些半固定的房子，供过往人员住宿和歇脚，在考察中我们也曾到过这里。离开80K，沿着废弃的公路继续往前。废弃的公路沿着嘎隆河谷蜿蜒向上。嘎隆河谷两岸山体陡峭，滑坡、泥石流经常发生，原生植被被毁灭或破坏，不能稳定生长。桤木（*Alnus nepalensis*）便乘虚而入，占据了河谷两边大片地方，成为优势群落。桤木耐贫瘠，能固氮，对生活环境不挑剔，从热带到亚热带甚至温带地区都能生长。在山地滑坡形成裸地后，往往是桤木首先入驻，由于生长迅速，很快就形成单优群落。由于它们的根系能够固氮，它们的入驻改善了裸地的土壤环境，它们在裸地上形成的郁闭环境也为常绿阔叶林优势种、建群种如壳斗科、樟科、木兰科和山茶科的种子萌发创造了条件，最终桤木林会被亚热带常绿阔叶林所取代。

5月的嘎隆河谷春意盎然，道路两旁的桤木吐着嫩绿，高

翻越嘎隆拉

笔者正在翻越嘎隆拉（孙航提供）

翻越嘎隆拉后的合影

山松的松枝经过雨水的冲刷，也显得格外清新，林中偶尔会有几株杜鹃绽放，形成万绿丛中一点红的画面。河谷中的空气带着丝丝的甜味，这河谷内里除了鸟儿的嬉戏声和嘎隆河谷的潺潺流水声外，就是我们匆匆的脚步声。我此时步履轻盈，神清气爽，9个多月的考察，我克服一个个自身的困难，一次次地挑战自我，超越自我，这让我的心情格外好，途中还不时采集一些在考察中没有采过的植物。第三天，我们来到了54K，这里的海拔已经到3 600米，周边是一片铁杉林。嘎隆拉横亘在前，这是等待我们徒步翻越的最后一座雪山了。

嘎隆拉的垭口海拔仅4 200米，在9个月的考察中虽然翻山越岭早已成为家常便饭，但是此时的嘎隆拉白雪皑皑，根本分不清路在何方。心中虽说还有几分忐忑，但在9个月考察中双脚建立起来的自信，让我对翻越嘎隆拉充满了信心。晚上，我们打开睡袋，在一间废弃的断壁残垣的道班房中睡了一夜。第二天，天还黑乎乎，大家就起来了。此时的首要任务是生火做饭。如果不补充能量，肯定没有体力翻越雪山。临行前特意托人在县城买了几包方便面，且作干粮，那个时候方便面在墨脱这可是十分紧俏的物资。在雪山下，取水不是问题，但是要把火点着却有相当的难度，是一个技术活。同行的一个民工砍来几株杜鹃灌丛，先用刀刮出一些木屑，然后用打火机小心翼翼地点燃木屑，再用木屑引燃细小的枝条，经过半个多小时的努力，火终于生起来了。开始我不明白民工为什么专挑杜鹃花植物来生火，孙航告诉我，杜鹃花植物的茎中含有挥发油，在低温高海拔地区，比其他植物更容易点着。烧开雪水后，每人泡了一包方便面，然后就趁着晨曦，开始爬山了。前面领路的是一位有经验的向导，我们被告知，一定要沿着向导脚印往前走。我用拐杖试了试向导脚印两旁的地方，积雪有一米多深。真不知道，这位向导是如何在这茫茫雪山中找到前进的道路的。队伍沿着向导的脚印，亦步亦趋，缓缓向前。天色渐渐地明朗了起来，放眼望去，嘎隆拉白雪皑皑，林下的灌丛大部分被白雪覆盖，偶尔露出的石块成了最好的路标。随着时间的推移，林中的铁杉逐步被冷杉所取代，冷杉逐步变矮，树林也逐渐地稀疏了起来，慢慢地，林冠就变到了我们的脚下。我意识到山顶就要到了，我看看手表，已经是早晨10:00，不知不觉中，我们已经攀登了4小时。又经过1小时的攀登，队伍陆陆续续都到达了垭口。此时的山顶乌云笼罩，黑压压的一片，仿佛伸手就能够摸到天，虽然已经到正午，但感觉如同黑夜。尽管如此，经过千辛万苦到了山顶，大家都很兴奋，高兴得大吼大叫。向导赶快制止了大家的吼叫，说道："大家不要叫了，再叫天就下雨了。"果不其然，他的话音未落，天空就下起了雨

在雅鲁藏布江边的宿营地

墨脱县城现在的照片（星耀武提供）

2017年的墨脱县城（星耀武提供）

1993年的墨脱县城

夹雪。原来山地的空气已经高度饱和了，只要有一点点的震动就打破已有的平衡，引起下雨甚至诱发雪崩。

下山的路依然是大雪覆盖，大家小心翼翼地跟随着向导的脚印往下走。下了雨的雪山湿漉漉的，很难立足，人们不断地滑倒。我在一次滑倒以后，身体借着惯性一下子就滑出了几十米开外。一开始我非常着急，试图用拐杖停止滑行，重新站立起来，很快我就发现，滑行根本停不住，后来一想，不就是要下山吗，先下去再说，于是乎放松了心态，顺着山体往下滑。在几个平缓的地方，其实是有机会站起来的，但一想："我站起来，很快又会跌倒吧"，干脆继续滑。就这样一直滑到了山脚。上山我们用了将近5小时，下山不到半个小时。在滑行的时候不及细思，到了山脚一个个可怕的问题接踵而至，我在哪？路在哪？这时陆陆续续不断有同伴滑了下来，大家定了定神，发现远处有一条带状模样的地方，这应该就是墨脱到波密公路嘎隆拉的另一端了吧，于是大家跌跌撞撞地向那里奔去。

当站到公路上的时候，回望翻越的雪山，成功的喜悦油然而生，我们摆出了胜利的手势和嘎隆拉合了个影。想想9个月的考察，我被自己小小的磨砺感动了一把，偷偷地抹了一把脸颊上的汗水。踏上墨脱征程的时候，能否坚持到底，我并没有十足的把握。从开始墨脱行走的第一天，左腿的关节就一直在隐隐作痛，最严重的时候甚至不能弯曲；胃病也是时好时坏。9个月的考察，2 500千米的徒步行走，我坚持到了最后，并非坚强而是特殊。在墨脱大雪封山以后，无路可出，大自然不给你反悔的机会。进了墨脱，无论是脚疼还是胃疼，你都得待在那里。

从这里到县城还有20千米要走。喜悦过后，感慨过后，还得走路。早晨6:00吃下的那包方便面早已消化殆尽，爬山下山的时候，精神高度紧张，丝毫不觉得肚子饿，现在放松下来，才觉得饥饿难忍。环顾四周，只有雪山和森林，大家只能是忍着饥饿一步步向前。晚上6:00，我们终于到达了波密县城。

说到这里，有一个秘密现在可以透露了，刚到波密的那天晚上，大家特别累，我早已是强弓末弩，草草吃过晚饭便倒头大睡。第二天醒来侧头一看，邻床的那位怎么有一头长发，床边有一双女式的鞋子。我一个激灵坐了起来，晚上我不曾起来过呀，一时睡意全无，赶快起身离去。后来才知道，招待所的床位15元一个，买了票不分男女找到空位便可入住。

到了波密，我们的任务还不算完成，下一步需要把标本运到拉萨，然后再转运到昆明。川藏线经过波密前往拉萨，当时的川藏线非常不稳定，道路时通时不通。有些路段，就是木头柱子支撑在山崖上。从通麦镇到排龙乡有一个巨大的泥石流群，据说曾经有一个解放军的车队20世纪70年代途经这个泥石流群的时候，整个车队都被流石滩群掩埋。当时没有公共交通连接波密与拉萨，我们只有向解放军求援。我们找到当地驻军，说明情况以后，解放军一如既往给予支持。我们的标本终于装上了前往拉萨的军车。在前往拉萨的途中，经过通麦泥石流群的时候，解放军驾驶员让大家都下车，步行通过泥石流群。我步行跟在车子的后面，在许多时候车两排后轮外侧的那排是悬空的，我才理解为什么解放军要让我们下车步行。经过两天的行程，我们终于到达了拉萨，一直悬着的心终于落地，9个月墨脱考察终于顺利结束了。

21

后记

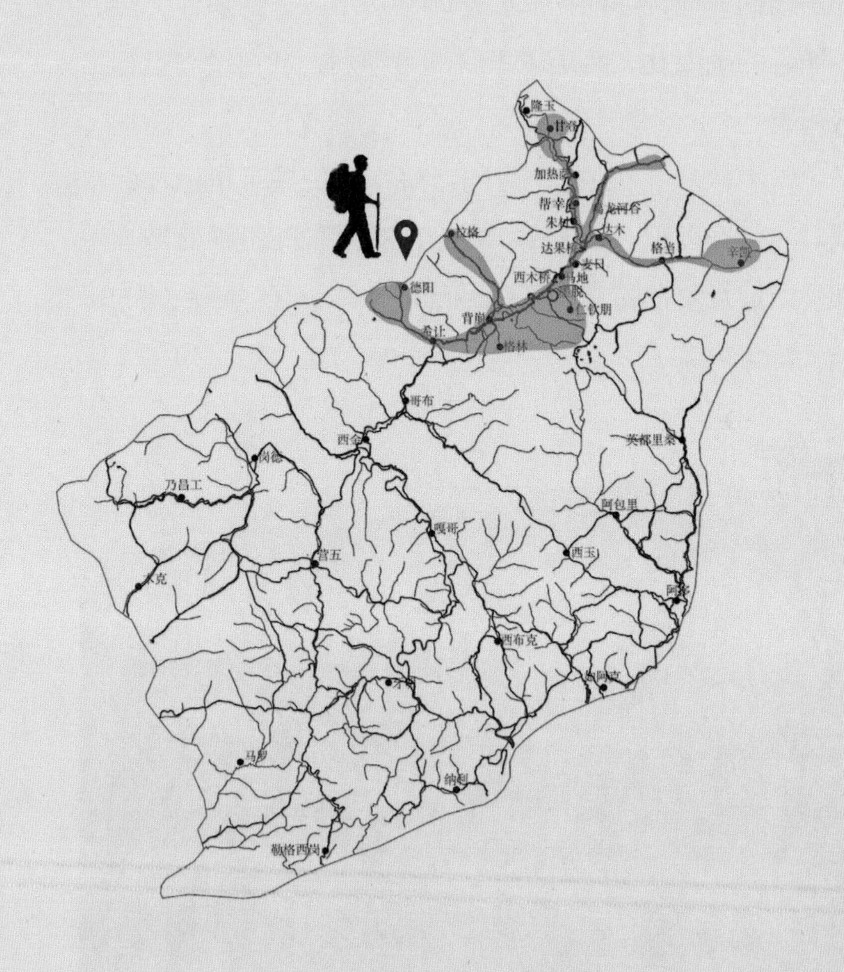

墨脱考察已经过去整整28年，本书的部分章节曾以博文形式在《科学网》刊出。有些朋友和网友说：你的记性真好。我想说的是，不是我记性好，而是这段日子深深地印在我的脑海里，从来未曾忘却。墨脱9月，跋山涉水，风餐露宿，林海为伍，雪山相伴；9个月里，翻多雄拉，过老虎嘴，探德阳沟，飞藏布江，绕布裙湖，穿大峡湾，涉仁钦朋，浩荡河山，壮人气魄。2 500千米的徒步行走，一次次的有惊无险，给我留下难以忘怀的记忆。我至今记得墨脱驻军的一位解放军营长对我说过的一句话，他说你能把墨脱这碗酒喝下去，今后什么样的酒都不怕。的确如此，经历了墨脱的考察后，我再没有觉得工作有苦和累。

付出就有收获，墨脱9个月的考察，我们共采集植物标本7 100号，共计3万份，活材料700份，对墨脱的各种植被类型中的种类组成及群落特点做了细致的观察和记录。在后续的研

1993年的墨脱县城远眺

究中，我们基于这批材料发表了20多篇研究论文，辨识植物新类群20余个，出版了专著《雅鲁藏布江大峡湾河谷地区种子植物》，孙航和我于1999年获得了中国科学院自然科学二等奖，我获得了中国科学院野外工作优秀奖。除了学术上的收获以外，对于我来说，通过这次考察，开阔了胸怀，丰富了人生的经历，增加了面对困难的决心和勇气。通过这次考察，我更加坚定了敬畏自然、尊重自然、以万物为友的生态观。这次考察是我第一次上青藏高原，从此，青藏高原的神奇壮美却永驻于我的心中。青藏高原像一块巨大的磁铁，深深地吸引着我，后来，我的研究工作再也没有离开过青藏高原。

墨脱考察归来以后，也曾有过将这些经历写下来的想法，但是一个课题接着一个课题，一个任务接着一个任务，琐事杂事接二连三，二十几年的光阴稍纵即逝。2015年以后，我逐步卸下了所有的行政职务和社会职务，时间和空闲相对多了

2019年的墨脱县城（孙航提供）

起来，又产生记述一下之前工作经历的想法。2017年元旦，我写了《德阳沟纪行——墨脱考察追记之一》，不久之后又写了《进墨脱，从派区到背崩——墨脱考察追记之二》。想不到这两篇博文在科学网刊出后，引起了广大网友的关注，阅读次数分别达到了10 000多次和7 000多次。网友们纷纷留言，有一些网友的发言还补充了一些博文中的信息。这里我要特别感谢一下《科学网》及其网友们，没有他们的关注和阅读，就没有这本小册子。《中国科学报》和《民主与科学》的编辑看到博文后联系了我，《中国科学报》周末版刊登了墨脱考察的多篇博文，《民主与科学》也刊载了部分博文。让我想不到的是，有些我十分仰慕的专家学者通过这两个刊物也看到博文，对我给予了肯定和鼓励。网友和师长们的肯定和鼓励，让我意识到在知识爆炸、信息化时代的今天，仍然有读者和网友对28年前的这段考察的经历感兴趣，献身科学的精神，仍然能够催人奋进。受此鼓舞，我陆陆续续写下了12篇墨脱考察追记的博文。让我更想不到的是马克平先生让学生将我写的关于墨脱考察追记的博文都集中整理在了一起，其中有2篇博文在科学网上打不开了，马克平先生还专门写邮件向我索要。这就让我认识到有必要把这些博文整理成为小册子，而这个想法得到了中国科学院昆明植物研究所东亚生物地理与生物多样性重点实验室的支持。重点实验室资助了大部分的出版费，使得这本小书得以出版，在此深表感谢。在得到重点实验室的出版资助之后，我打算再补充一些章节，将考察的过程记述得更加完整，再补充一些照片，让读者有一些更加直观的认识。而这又耽误了将近一年的时间。2020年一场突如其来的疫情，改变了所有中国人的生活，宅在家中竟然成了普通人对抗击疫情最大的贡献，利用这段时间我完成了这本书的最后章节。

在博文中，我累次提到了孙航和俞宏渊的名字，考察队就是我们三人组成，孙航是考察队的负责人，我要感谢他给予了我这次难得的机会，使我有了这段丰富多彩的人生经历。人的一生之中，值得回味的事情十分有限，对于我而言，墨脱考察就是一件值得回味的事情。我更要感谢孙航在考察过程中给予我很多的照顾，没有他的照顾和鼓励，我或许真的坚持不到最后。书完稿后，他不仅资助了部分出版经费，而且还在其繁忙的管理工作和研究工作中写下了热情洋溢、文采奕奕的序言。

我在书中还累次提到了墨脱县农牧局的李杰先生，李杰是18军的后代，在县农牧局工作，他是县上派来协助我们考察的，他陪同我们走遍了墨脱的山山水水，帮助我们解决了一个又一个的困难，没有他的帮助，我们的考察工作会艰难得多。墨脱的门巴族、珞巴族和藏族同胞给予了我们极大的帮助。书中还使用了一些乡亲们的照片，由于年代已久，无法和当事人取得联系，征得他们同意，还请照片中乡亲们见谅。西藏自治区政府、林芝地区公署、墨脱县委县政府、西藏军区、林芝军分区、墨脱当地的解放军，都给予了极大的支持，没有这些帮助和支持，我们是不可能完成这次考察任务的。从墨脱考察完成回到拉萨的时候，西藏自治区人大常委会郎杰副主任热情地宴请了我们，借这个机会向他再一次表示感谢！我特别希望他们能够读到这本小册子。

我也要感谢我的妻子张立，没有她的支持和鼓励，我没有勇气，也不可能参加这次野外考察。我也会时时感到愧对儿子，在他需要父亲的时候，我常常在野外。

这本追记是依据我的记忆写成，我们的考察已经过去了将近28年，记忆难免有模糊或者不准确的地方，敬请读者原谅，也欢迎知情人，特别是孙航和俞宏渊两位指正。关于考察的学术成果，已经记述于2001年出版的《雅鲁藏布江大峡湾河谷地区种子植物》一书中，这本小册子主要记述我们在考察中的经历和我个人的一些感受。当年还没有数码相机，为了出这本小册子，我将这些负片和反转片扫描变成了数字照片，这个过程得到了吴征镒基金会和杨云珊女士给予的支持和帮助。当我为出版经费发愁的时候，吴征镒基金会主动伸出了援手，虽然最终没有使用吴征镒基金会的经费，我仍要表示感谢。书稿完成后，孙航又补充了部分照片，特别是墨脱最近的照片。时隔多年不仅遗失了许多照片，不少照片都已经褪色，请读者把它们当作老照片来看待。在书中记述了为了完成考察任务，不得已曾经猎杀过野生动物，这个行为放在今天就是犯罪。我在书中提及这个情节不是为了炫耀，而是为了真实记录历史，这个行为也请读者从历史的角度来看待。

开始写作的时候，担心想不起当时发生的人和事。每当我打开电脑，翻开那些照片的时候，考察过程中的那些人和事就不由自主地浮现在脑海中。没有想到从小就怕写作文的我，居然写完了这本小书。

2013年波密到墨脱的公路通车以后，进入墨脱变得容易了起来，不少同事多次去墨脱进行考察。从同事拍回的照片看，墨脱已经发生了翻天覆地的变化，县城也从过去的一个小村落，变成了颇具规模的现代化城镇，宾馆、饭店和出租车一应俱全，墨脱逐步褪去了神秘的面纱。前不久看到一个报告，墨脱已经整体脱贫了。对于墨脱的变化，我是欢欣鼓舞，倍感高兴。墨脱和社会主义祖国一同在飞速地发展，门巴、珞巴族乡亲脱离了贫困。与此同时，又有几分担忧，担忧的是随着社会经济的发展，这一块大自然留下的净土，会受到什么样的影响。28年前，在墨脱的日子里，我们曾幻想过墨脱的发展与保护。我们曾经有一个十分不成熟的想法，就是停止刀耕火种，把墨脱县整个当作一个保护区保护起来，让这里成为一个动植物和生态系统的天然博物馆和人类亲近自然的体验地。

行文至此，我要表达对恩师吴征镒院士的感激之情，虽然先生已经驾鹤西去，再也读不到我的文字了。我跟着先生攻读博士学位的时候，仅有少数几次的机会跟随先生到野外工作，那个时候他工作仍旧繁忙，也少有时间给我讲述他自己的考察经历，但是从先生的只言片语和留下的著作中，我体会到了野外工作对于植物分类学的重要性，体会到了野外工作那种常人难以体会的快乐。从先生的言行中，我更是学习到了先生献身科学的精神。我自己当老师后，除努力向学生们灌输从先生处学习来的献身科学的精神外，还特别注意向学生们传递在大自然中工作的快乐，鼓励他们从大自然中增长见识，获取养分。当先生得知我参加墨脱野外工作的时候，给予了鼓励和肯定。在墨脱考察期间，他多次发来电报，询问考察工作的进展，关心着我们的安危；我回到昆明，细心的先生甚至发现我的身形缩小了一号。在我们完成考察任务的欢迎会上，先生说我们不负众望又深孚众望，是对我们最大的褒奖。

我还要感谢一位我十分敬仰的领导和师长——九三学社第十三届中央委员会主席韩启德院士。我的书稿完成后，我想请韩主席为这本小书写一个序言。我的请求有几分的唐突，韩主

席却欣然接受了我的请求。韩主席读完了书稿，肯定了我献身科学的精神，并从博物学的价值和生态文明的角度来看待墨脱植物考察的意义，这使得我重新认识了自己工作的重要性，感激之情，无以言表，谆谆教导，铭记于心。

对于植物分类学和生态学以及地质学而言，大自然就是实验室。我们需要到大自然中获取第一手的资料，在大自然这个实验室中开阔眼界，获取灵感。古生物学更是一门基于发现的科学，需要做大量的野外工作。由于工作的关系，我走过祖国许多的山山水水，到过许多人迹罕至的地方，不仅采集到了许多珍贵的化石，也饱览了祖国的大好河山，享受了比常人多得多的快乐。

最后，希望这本小书能够让年轻的学者们爱上野外工作，并在大自然中收获快乐和灵感。